修訂二版

商用微積分

廖世仁
朱元祥　著

附光碟

三民書局

國家圖書館出版品預行編目資料

商用微積分 / 廖世仁,朱元祥著.－－修訂二版六
刷.－－臺北市: 三民, 2014
　　面；　　公分

ISBN 978–957–14–4320–1　(平裝)

1.微積分

341.1　　　　　　　　　　　　　　　94011598

ⓒ　商 用 微 積 分

著 作 人	廖世仁　朱元祥
發 行 人	劉振強
著作財產權人	三民書局股份有限公司
發 行 所	三民書局股份有限公司
	地址　臺北市復興北路386號
	電話　(02)25006600
	郵撥帳號　0009998–5
門 市 部	(復北店) 臺北市復興北路386號
	(重南店) 臺北市重慶南路一段61號
出版日期	初版一刷　2004年8月
	修訂二版六刷　2014年5月
編　　　號	S 313820

行政院新聞局登記證局版臺業字第〇二〇〇號

有著作權‧不准侵害

ISBN　978–957–14–4320–1　(平裝)

三民網路書店
www.sanmin.com.tw

前言
給微積分大洋海賊團的冒險指引

　　微積分大洋是一個汪洋大海，充滿著未知與驚奇；而年輕、如旭日東昇的您，充滿了興奮與豪情壯志，躍躍欲試地想橫越大洋，通過各式各樣的嚴酷考驗，希望找到前任海賊之王所埋藏的大寶藏。然而橫亙在您眼前的，可想而知，必定充滿著艱難與困惑；信心的喪失與隨之而來的沮喪，讓您很想拋下一切打道回府。如果想要克服一切的艱難險阻，光靠匹夫之勇是不夠的，還要具備專業的知識；知識就像是一把鋒利的武器，幫助您殺過層層關卡，也像是一盞明燈，為您撥開眼前的重重迷霧。而這本指引的目的，就是要協助您學習到最專業的知識，順利橫越微積分大洋。下面就容我為您對這一本指引做個介紹吧！

　　本指引的第一章是函數，這是您在展開大冒險前的行前「海洋入門」訓練。在出海前您必須仔細的研讀它，如此才能對您所計畫征服的目標──微積分大洋，具備最基本的認知。在這兒您會學到

　　　──函數的觀念

　　　──函數值的求法

　　　──函數的定義域與值域

　　　──直線函數

當然，您一定不會錯過非常重要的基本航海圖──函數圖形的繪製。在完成了這一章的修行之後，您將有擔任「見習水手」的資格。

　　在第二章，我們會深入加強您在微積分大洋航行時所應該具備的特殊技巧。我們的重點將會集中在：

　　　──各種極限的觀念

　　　──極限定理

　　　──極限的計算

由函數的極限所衍生出來的函數連續的概念，也是不能不為您提到的重點。

這些內容組成了您的「海象手冊」。在本章結束之後，由於您已經掌握了航行於微積分海域的特殊海象，所以恭喜您，您已經被晉升為「水手」了！

第三章是本書的核心，您在此即將面對的是在您的航海尋寶之旅中，最具關鍵地位的「導」航入門。我們將會與您研討微分學，包括：

——導函數的定義

——各種微分定理

——連鎖律

成功的挑戰本章，就足以證明了您的導航實力，而我們也會將您的頭銜進階到：「導航士」。

在歷險的漫長旅程中，您必須要與所經過的港口進行商務貿易，這不僅僅是為了補充船團的日常糧食用品，更是您經商致富的必經之路！在第四章我們所為您精心準備的，就是微分學在商業上的應用。您要學習如何將海賊團的成本極小化，貿易所獲得的利潤極大化。本章的重點有：

——指數與對數函數

——指數與對數函數的微分

——一階導數、二階導數與極值的求法

在本章的研習結束之後，由於您已經具備在瞬息萬變的貿易商場上大肆活躍的能力，您的頭銜將會更上一層樓：「交易士」。

隨著貿易商務的頻繁，海賊團的財富也愈累積愈多，以目前財富累積的速率來看，您的船隊到底該如何因應未來海員與船隻的需求，未來又該購買多少藏寶箱以裝載您的金銀財寶呢？所謂的積分就是「累積、總和」的一門數學。在這個地方我們想要提醒您的包括：

——不定積分

——各種積分技巧

——定積分

——積分在商業上的應用

恭喜您了，通過了我們嚴格的考驗，我們決定為您加上「財務長」的頭銜！

在熟悉了各個部門獨立運作的功能之後，接下來就是最後也最艱鉅的考

驗！在您最後即將升任船長的時刻，最需要具備的能力是什麼呢？是威風凜凜、大將之風……等等嗎？都不是，而是將所有船員統合協調的能力。一支一盤散沙的海賊團，是不可能通過微積分大洋的！我們當然也知道事情的重要性啦，所以決定為您做一次特訓：多變量函數。本章的重點是：

——多變量函數簡介

——偏微分

各位新手「船長」，您已經有足夠的專業知識來帶領您的手下們了！

真的，到此我們已經把所需要的都教給您了，整個海賊團的命運從此就交給您來承擔。而除了已經擁有的專業知識以外，想要發現前任海賊之王的大寶藏，更需要恆心、毅力，與對微積分大洋永不止息的好奇心與熱情，加上愈挫愈勇的氣魄，當然……還需要一點點的好運氣……我們真摯的祝您好運！

揚帆！起錨！親愛的船長，您該啟航了！

附記:

　　本指引乃是冒著違背海賊工會「好知識不外傳」的禁忌而寫下來的，為的是希望英雄出少年，船長您能找到真理的大寶藏，實現我們未完成的夢想。而微積分大洋則是你第一個必須跨越的障礙。

　　這本指引的完成，是許多懷有同樣夢想的「海賊名人」，在背後偷偷的協助我們。雖然說要是這份海賊名單洩漏出去的話，他們可能會遭到「海賊巡署」的逮捕，但是我們決定讓他們青史留名，而我相信您也想知道他們的大名：三民書局編輯部的編輯群們，不論是微積分領域或書籍的編寫，他們都以專業的知識協助我們；同樣是年輕人，理念也相同，與他們一起努力是特別愉快的！昀泰、蕙璇、碧書、毅蓉與雅吟等各位同學，謝謝你們的大力幫忙，辛苦你們了！還有雅婷同學耐心的幫我們校稿並熱心的對內容提出學生的觀點，我們感激不盡！最後我們想對我們的家人致上最誠摯的謝意，沒有他們的支持與「掩護」，是不可能有這本指引的誕生的。

廖世仁

朱元祥

於樹德科技大學

2004 年 7 月

商用微積分

1

函數的概念

學習興奮度：★★★
學習困難度：★★
研究所考題集中度：★★

開場白

假設阿裕汽車股份有限公司歷年的汽車銷售資料是這樣子的：

年　度	88	89	90	91	92
年產量（萬輛）	9.7056	9.7293	9.753	9.7767	9.8004

一位行銷企劃部門的企劃人員發現，公司的「年產量」與「年度」之間具有相當一致的線性關係，聰明的你，可以找得出這種關係來嗎？

這裡我們先偷偷的告訴你答案：不但是有關係，而且是一種相當嚴謹的關係，我們甚至還可以用等式來表示呢！

$$y = 7.62 + 0.0237x$$

其中 y 代表的是「年產量」，而 x 所代表的是「年度」。

當你努力的想證明自己的聰明才智，開始奮勇尋找「年度」與「年產量」這兩組數字之間的關係時，你就已經正式的跨入了函數 (function) 這個領域了！函數的觀念，是微積分基礎中的基礎，所有想要精通微積分的英雄好漢，都得要通過這一關才行。

1-1 函數的基本知識

 ### 函數的定義

甚麼是「函數」呢? 簡單的說, 就是一種相互對應的關係。我們在這個世界上, 一定會面對無窮無盡、錯綜複雜的關係不是嗎? 你可別誤會我們的人生是在演連續劇喔, 不過仔細的觀察你的週遭:

> 你的唸書時間與你的微積分成績
> 你的每天運動時間與你的健康情況
> 在工作上, 你的職務與你的收入
> 台積電的產能利用率與它的獲利
> ……

沒錯吧? 萬事萬物都有他們的「因果關係」, 而「函數」就是闡釋這種對應關係的一種「規則」。這樣清楚了嗎? 好, 那麼現在我們就要討論函數的正式定義了:

定義 1-1 函數的定義

函數是一種對應關係的規則, 這個規則清楚地界定兩個集合內各元素之間的對應關係。

1. 這個規則說明兩集合 A, B 的對應關係。

2. 這個規則將集合 A 的每一個元素, 指定到集合 B 中「唯一」的一個元素上。

3. 集合 A 我們稱為定義域 (domain)。

4. 集合 B 我們稱為值域 (range)。

這樣的定義看起來似乎深奧了一點，所以我們用圖 1–1 來表示函數的定義。從圖形來看，函數就是連結集合 A 與集合 B 的那些箭頭，箭頭的指向說明了 A 與 B 兩個集合之間的因果關係。假設用 x 來表示集合 A 裡面的任何一個元素，則在集合 B 中與集合 A 內 x 相對應的元素為 y，我們也可以寫作 $f(x)$，用數學方程式來表示是：

$$y = f(x)$$

在這個函數記號中，屬於定義域裡的變數，也就是 $f(\cdot)$ 裡面的變數，我們叫做自變數 (independent variables)，將自變數代入函數得出來的「產物」，也就是上面函數記號的 y，稱為這個函數的因變數 (dependent variable)。

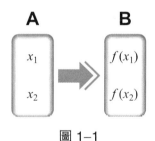

圖 1–1

我們用更生活化的實例來說明，就以公司裡面員工的敘薪系統來看吧(圖 1–2)！每一個員工都有他的員工編號，因為職級、年資等等因素的不同，每位員工所領取的薪資也不一定相同。這個公司的薪資系統，我們可以將它視為一個函數。那麼員工編號的集合就是定義域，每一筆不同的薪資數字就是值域了。好，仔細的研究一下這個薪資系統，你有什麼心得呢？你應該可以發現到：

1. 每一個員工編號都該有一個相對應的薪資，也就是說，不可能有人沒薪水吧？要不然一定會有人瘋掉。
2. 不同的員工編號可能會有相同的薪資，但是同一個員工在這個月不可能會有兩種不同的薪水。
3. 這個月可能沒有人恰好符合某些薪資水準。

姓名 \	員工編號	職　稱	年資
王大明	1	教　授	2 年
黃阿妹	2	副教授	4 年
陳小慧	3	講　師	3 年
吳阿平	4	助　教	1 年

姓名 \ 分項	薪資	備註
王大明	70,000	
黃阿妹	50,000	
陳小慧	40,000	
吳阿平	25,000	

圖 1-2

由此可知，並不是所有的對應關係都是一種函數關係。函數是有幾個自己獨特的特質的：

1. 定義域 A 裡的每一個元素 x，經由這個函數，都必須在值域 B 裡面找到跟它相對應的元素 y。

2. 不一定要每一個值域 B 裡的元素，都要與定義域的元素相對應。

3. 定義域中不同的元素，可以映射到同一個值域的元素；但是相反的情形則不成立。也就是說，一個定義域的元素，不能同時映射到不同的值域元素！

你可否舉出一個並不是函數的對應關係呢？

函數的求值

現在我們已經知道了函數的定義、函數的符號表示法以及函數的特性，接下來我們一定會很關心，該怎麼應用函數呢？函數可以應用的領域非常多，其中最基礎的當然是函數的求值了！已知函數為 $f(x)$，那麼 $f(3)$ 的值為多少呢？方法出乎你意料之外的簡單，只要將函數內所有的 x 都用 $f(\ )$ 括號內的東西取代就可以啦！以 $f(3)$ 為例，只要將函數 $f(x)$ 的所有 x 都使用 3 來取代再加以計算，就可以算出 $f(3)$ 的值了。如果括號裡的不是數字而是符號文字，例如說是 $f(a)$，那怎麼辦呢？做法也是一樣，不論你括號內的是何方神聖，只要將它們取代函數裡所有的 x。

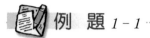例 題 *1-1*

假設某函數為 $f(x) = x^2 - 4$，則 $f(0), f(1), f(2), f(-2)$ 的值各為多少?

解　$f(0) = (0)^2 - 4 = -4$

　　$f(1) = (1)^2 - 4 = 1 - 4 = -3$

　　$f(2) = (2)^2 - 4 = 4 - 4 = 0$

　　$f(-2) = (-2)^2 - 4 = 4 - 4 = 0$

例 題 *1-2*

函數 $f(x) = 4x + 5$，則 $f(a), f(b), f(a+h)$ 的值各為多少?

解　$f(a) = 4 \times (a) + 5 = 4a + 5$

　　$f(b) = 4 \times (b) + 5 = 4b + 5$

　　$f(a+h) = 4 \times (a+h) + 5 = 4a + 4h + 5$

練 功 時 間

1. 函數 $f(x) = 2x^2 - 3x + 1$，求 $f(0), f(2), f(a), f(a+h), \dfrac{f(a+h) - f(a)}{h}$

2. 假設函數 $f(x) = \begin{cases} x^2 + 2x - 1 & x < -2 \\ x + 5 & -2 \leq x < 1 \\ 5 & x > 1 \end{cases}$

　　求 $f(0), f(6), f(-2), f(-4)$ 之值。

函數的定義域

在「函數的定義」那裡，我們已經與各位簡單的提到過「定義域」了。也許你感到很好奇，為何我們要這麼鄭重其事的把「定義域」這個集合放在這裡討論呢? 因為我們都應該要明確的說明每一個函數的定義域。該怎麼讓大家了解定義域呢? 若把函數以一具咖啡磨豆機來表示的話 (圖 1-3)，那麼

定義域就是說明書上所告訴你的，所有這台磨豆機可以正常磨碎的咖啡豆；如果你所放進去的並不是定義域的物品，那麼可能會使磨豆機發生故障。要是你不相信的話，把非定義域的物品，例如說是石頭吧，放進磨豆機，看看你那可憐的磨豆機下場會是多慘了（圖1–4）!

圖 1–3

圖 1–4

該怎麼找出正確的定義域？請看下面的例子。

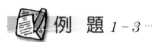 例 題 *1-3* ⋯⋯⋯⋯⋯⋯⋯⋯⋯⋯⋯⋯⋯

請找出以下函數的定義域：

(a) $f(x) = x^3 - 5x^2 + 199x + 1250$　　(b) $f(x) = \sqrt{x-2}$

(c) $f(t) = |3t + 5|$　　(d) $f(u) = \dfrac{32}{2u - 10}$

解 (a)無論你怎麼試，都會發現找不到任何一個數字 x，使這個函數「爆掉」，

所以我們的答案是：這個函數的定義域為實數所成的集合 $\mathbb{R}$！

(b)記得嗎? 根號的定義是說：「根號裡面的數字不能是負的。」

所以假如 $x-2$ 是一個負數的話，那麼你這個函數就爆掉了。

因此這個函數的定義域是

$$x-2 \geq 0 \Rightarrow x \geq 2$$

(c)雖然說這函數有一個可怕的絕對值，但是別被它嚇著了!

絕對值是：不論那個實數都歡迎的，它只是忠實地把進入絕對值的每個數字都變成正數而已，所以它的定義域為實數所成的集合 $\mathbb{R}$。

(d)這個函數大致來說是練有金鐘罩，刀槍不入。唯一的罩門在分式的分母不能為 0，但偏偏 u 會有一個數代入之後使分母為 0：

$$2u-10=0 \Rightarrow u=5$$

只要你小心一點，別把 5 放進這個函數，就不會使這個函數爆掉了!

所以定義域為

$$\{u \mid u \in \mathbb{R}, u \neq 5\}$$

練功時間

請找出下列函數的定義域：

(a) $f(x) = \dfrac{1}{x} + x + \dfrac{1}{x-2}$　(b) $f(x) = \dfrac{(x-2)(x^3-1)}{(x-2)}$

習 題 1-1

1. 試求以下各函數的值：

(a) 若 $f(x) = 2x$，則 $f(-2), f(10), f(100)$

(b) 若 $g(x) = \dfrac{3x+2}{x^2+1}$，則 $g(3), g(\dfrac{3}{2}), g(\sqrt{3})$

(c) 若 $r(y) = 4 + |y|$，則 $r(-1.3), r(-\dfrac{6}{5}) \times r(1), r(-2) + r(3)$

(d) 若 $u(t) = (3t^2 + 2t + 3)^{\frac{3}{2}}$，則 $u(3), u(\sqrt{2}), u(-2)$

(e) 若 $h(x) = \begin{cases} 3 & x < -4 \\ -x+2 & -4 \le x \le 0 \\ \sqrt{5x} & x > 0 \end{cases}$，則 $h(-\dfrac{1}{\sqrt[1.22]{13^{0.35}}}), h(5), h(0)$

2. 請找出以下函數的定義域：

(a) $f(x) = 3x^3 - x^2 + 1.5x - 2$

(b) $u(y) = \dfrac{1}{y-2}$

(c) $g(x) = \sqrt{5-x}$

(d) $f(t) = \dfrac{1}{\sqrt{t+3}}$

(e) $h(x) = \dfrac{x}{|x-7|}$

3. **生產成本**

佳佳科技主要的業務是以生產個人電腦為主，每日最大產量為 200 台，其固定成本為 86,000 元，每台個人電腦的變動成本為 13,000 元，求每日生產 x 台的總成本函數 $T(x)$ 及平均成本函數 $u(x)$，並請你找出這二個函數的定義域。

4. **租車費用**

順暢汽車出租公司的租車費用為每日每輛車 800 元，再加上每行駛 1 公里收費

9 元，求：

(a)每日行駛 x 公里所需要的租車費用函數 $r(x)$。

(b)如果現在你的預算是 4,200 元，那麼租車一天可行駛多少公里？

5. **直線距離**

甲、乙兩人站在同一地點，甲出發向東，速度為每小時走 16 公里，一小時後，乙也出發向北走，他的速度是每小時 9 公里，求 x 小時後甲、乙兩人之間的距離函數 $D(x)$。

1-2 函數的圖形

　　記得有人說過，人類是「感官的動物」……，不是啦，應該說是「視覺的動物」才對。歷史可以追溯到人類最遠古的時代，沒有文字卻早就已經曉得在洞穴內繪畫出最原始的壁畫。文字的起源也是從近似圖形的象形文字開始，不是嗎？即使是到了現在，講究效率的企業，不論是股票研究報告、營運趨勢展示、還是損益平衡分析，皆大量的使用圖表，因為圖表才能有「一目了然」的效果。假設現在你是聯積晶圓代工廠的董事長了，你的員工要向你說明未來全球晶圓代工的產值趨勢，請問你比較想看到的是

$$y = 0.235x + 233$$

還是像圖 1-5 這樣子的趨勢圖呢？

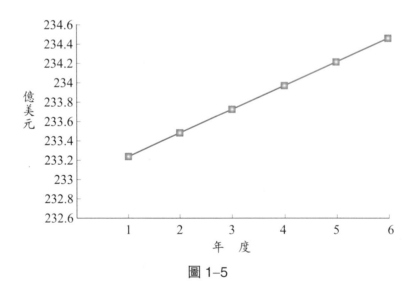

圖 1-5

　　我想你一定會選擇圖形，不但易於了解，更重要的是可以看出晶圓代工產值的「趨勢」。

其實函數的圖形也是有定義，並不是隨便畫一張漫畫就了事的。以下就請各位看仔細嘍！

定義 1-2　函數的圖形

找出函數 $f(a)$ 定義域裡的所有元素 a，將每一個 a 代入函數裡求出相對應的函數值 $f(a)$，並組合成一個數對 $(a, f(a))$，一組數對在平面坐標系（x-y 平面）代表一點的位置：a 代表 x 坐標，而 $f(a)$ 則代表 y 坐標。所有的點 $(a, f(a))$ 在 x-y 平面所形成的圖形，就是函數的圖形（function graph）。

既然函數圖形的繪製並沒有我們想像中的簡單，那麼函數圖形的繪製應該遵循哪些流程呢？以下是我們所建議的繪圖流程：

步驟一：從函數的定義域裡選出最具「關鍵地位」及「代表性」的 x 值，然後將這些 x 代入函數 $f(x)$ 中，並求出它們相對應的函數值 y。（如果已經忘了函數值的求法，請再回頭想想 1-1 的練習題吧！）

步驟二：在 x-y 平面上畫出 (x, y) 數對的坐標點。

步驟三：以平滑曲線將這些點連在一起。

幾乎所有以實數為定義域的函數，它們的定義域都含有無限多個元素。雖然我們才學過函數圖形的定義，躍躍欲試地想畫個函數圖形來測試一下自己的功力，但一想到必須找出每一個定義域裡的 x 值來畫圖，也就是說你要找出無限多個 x 值來找 $f(x)$ 值，……天呀！相信你馬上傻眼了。所以我們能作的只能找出幾個關鍵的 x 值來。當然，想要畫出正確圖形的不二法門只有一個，那就是樣本點 (x, y) 愈多愈好！

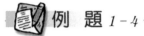 例 題 *1-4*

請畫出 $f(x) = 2x - 4$ 的圖形。

解 這種類型的函數看起來不會很陌生，是不是？

因為它的自變數 x 的最高次方是一次，我們將這種一次的函數稱做直線函數 (linear function)。相信很多同學在高中職的時候已經畫過直線函數的圖形。既然直線函數的圖形是一直線，那麼要畫出一條直線會很困難嗎？不會吧，畫直線最簡單了，只要分別找到直線上兩點的坐標 (x, y)，然後用直尺將它們連在一起就大功告成了！以下就是繪圖步驟：

(1)直線的繪製只要在該直線上找出兩點就行了，任何兩點都可以，所以我們任選兩個 x 值即可。

x	0	2
$y = 2x - 4$	-4	0

(2)將上表所求得的兩點 $(0, -4), (2, 0)$ 畫在 x-y 坐標平面上。

(3)用尺將 $(0, -4), (2, 0)$ 連接起來，通過這二點畫出的直線就是這個直線函數的圖形。（圖 1-6）

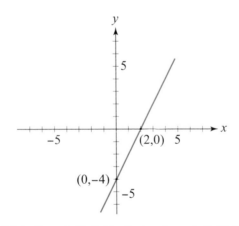

圖 1-6　直線函數 $f(x) = 2x - 4$ 的圖形

　　看起來似乎事事順利，不過天下不如意事十之八九，大部分的圖形並不是如此輕易便畫得出來。舉例來說，假設我們現在面對的函數是：

$$y = x^2$$

而你不小心選取了下面的 x 代入函數中求值：

x	1	2	3	4
$y = x^2$	1	4	9	16

那麼根據上表所畫出來的「函數想像圖」會像圖 1-7 一樣。不幸的是，這個函數真正的圖形應該是像圖 1-8 一樣：

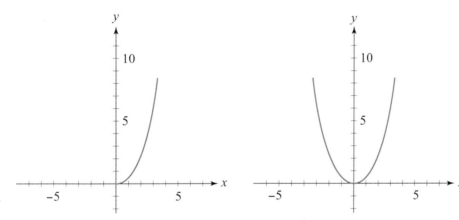

圖 1-7　錯誤的 $y = x^2$ 的函數想像圖　　圖 1-8　正確的函數 $y = x^2$ 圖形

　　怎麼一回事呢？雖說上表的 x 值都在函數的定義域之內，但卻是不正確的圖形，這表示你所選取的這些 x 值只有部分的「代表性」。那麼到底哪些點才是你必須掌握的呢？以下我們將你必須注意到的幾個點列出來。

畫函數圖的幾個重點

1. 這個函數的 x 軸截距 (x-axis intercept)、y 軸截距 (y-axis intercept)。

2. 函數的極值：極大值 (maxima) 與（或）極小值 (minima)。（如果這個函數真的有這些極值的話。）

3. 函數的反曲點 (inflection points)。

剛才所提到的「重點」，相信很多同學看過之後還是覺得不知所云。重點 2 與重點 3 目前超過你們已知的範圍，必須要等到學過基本的「導函數」之後才有能力一窺它們的奧秘。在這一節中，我們要討論的只有函數的截距。

什麼是截距呢？凡是幾何的問題最好都是用圖形表示，各位看到圖 1-9 了嗎？這是一個曲線圖，並不是我們所熟悉的直線函數。我們要注意的重點是這個函數與 x 軸的交會點，一點的坐標是 $(-1, 0)$，另一點的坐標是 $(2, 0)$。它們有哪些共同的特色呢？相信你早就發現到，它們的 y 坐標都為 0，也就是說，這兩點的 x 坐標，是由解方程式 $f(x)=0$ 的根得來的。由圖 1-9 來看，這個函數 $f(x)=0$ 的方程式有幾個實數解呢？答案是兩個。相同的道理，再談 y 截距。這個函數與 y 軸的交點坐標是 $(0, -2)$，既然 $(0, -2)$ 在函數 $y = f(x)$ 的圖形上，那麼把 $x=0$ 代進去函數中，即 $f(0)$ 應該會得到 -2 才對。所以我們可以得到不同截距的求法了。

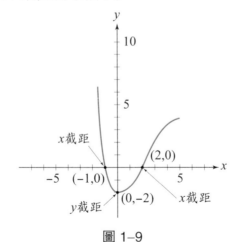

圖 1-9

截距的求法

函數 $y = f(x)$ 的 x 截距：解出方程式 $f(x) = 0$ 的所有實根 a_i

函數 $y = f(x)$ 與 x 軸的交點：所有的點 $(a_i, 0)$

函數 $y = f(x)$ 的 y 截距：求出 $f(0)$ 的函數值 b

函數 $y = f(x)$ 與 y 軸的交點：點 $(0, b)$

即 席 思 考

函數可能有一個、兩個，甚至更多與 x 軸的交會點，但是函數與 y 軸的交會點最多只有一個，為什麼？

練 功 時 間

請算出下列直線方程式的 x 截距與 y 截距，並找出與 x 軸及 y 軸的交會點，最後畫出他們的圖形：

(a) $y = 3x + 7$ (b) $2y = x - 12$ (c) $2x - 3y + 12 = 0$

雖然很辛苦，我們還是完成了最基本的函數圖形的介紹。但我們總不能老是做這種沒有挑戰性的題目，這樣多沒成就感呀！因此，接下來我們該做些比較特殊的函數圖形了。

例 題 *1-5*

請畫出函數 $g(t) = \begin{cases} t+1 & t \le 0 \\ 3 & 0 < t \le 2 \\ 2t-5 & t > 2 \end{cases}$ 的圖形。

解 這個函數的自變數 t，在三個不同的範圍有不同的函數值 $g(t)$，因此我們應該分成三個部分討論：

(a)當 $t \le 0$ 時，你該畫的函數圖形是 $g(t) = t + 1$。

第一次遇見這種題型，也許會覺得有點不知道該如何下手，其實很簡單，按照前面說的函數圖形繪製流程一步一步來。當你找到夠多的點之後，先不要急著把所有的點連在一起，而必須注意到，將 $g(t) = t + 1$ 的圖形從負無窮大往右畫到 $t = 0$ 為止。從圖 1–10 我們可以發現這個函數圖形的端點在 $(0, 1)$。

以下的做法完全一樣，就不再詳細解釋了。

(b)當 $0 < t \le 2$ 時，你該畫的函數圖形是 $g(t) = 3$。

(c)當 $t > 2$ 時，你該畫的函數圖形是 $g(t) = 2t - 5$。

畫出來的圖形請看圖 1–10，不過各位還要注意圖形上的端點有實心點與空心點的不同。實心點代表這個點是屬於函數圖形裡的一點，空心點則是代表這個點並不在函數圖形上。很多同學會忽略它們的重要性，然而在作答的時候，如果所有圖形的端點你都用實心點表示的話，老師可是不會原諒你的！

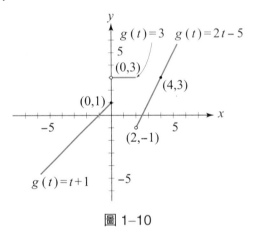

圖 1–10

 例 題 *1 - 6*

請畫出 $f(x) = |2x|$ 的圖形。

解 這一題特殊的地方是：這個函數是一個絕對值函數。放進絕對值裡的數字，出來之後一定是正數型態。舉幾個例子：

$$|2| = 2$$
$$|-300| = 300$$

所以這裡我們得到一個重要結果，那就是一個數字 x 放進絕對值之後：

(a)當 $x \geq 0$，則 $|x| = x$。

(b)當 $x < 0$，則 $|x| = -x$。（很合理吧？當 $x < 0$，所以它是負數，那麼讓
　　負數變成正數的唯一方法是在它前面放一個負號，$-x$ 是正數喔！）

這個函數其實跟上一題有點像，因為我們可以把它改寫成：

$$f(x) = \begin{cases} -2x & \text{當 } x < 0 \\ 2x & \text{當 } x \geq 0 \end{cases}$$

你就可以輕而易舉的畫出這個函數圖形了，圖形正如圖 1–11 所示：

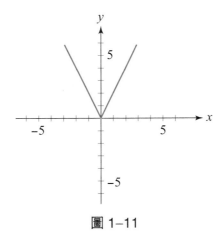

圖 1–11

1. 請畫出以下函數的圖形:

  (a) $f(x) = -2$ (b) $f(x) = 3x$ (c) $f(u) = -\dfrac{3}{2}u + 6$

  (d) $f(t) = 2t - 5$ (e) $f(x) = |2x - 4|$ (f) $f(x) = |2x| - 6$

  (g) $f(u) = \begin{cases} -4 & u < -2 \\ 2u + 3 & -2 \le u \le 1 \\ 3u + 2 & u > 1 \end{cases}$

2. 以下為短吻鱷出生後, 其足長 (y, 英尺) 與相對年齡 (x, 年) 之資料:

x	y
1	1.4
2	2.6

  假若長度與年齡間為直線關係, 試回答下列問題:

  (a)由 $y = mx + b$ 中, 找出長度和年齡間的關係式。

  (b)當短吻鱷 4 歲時, 牠的長度為何? 又短吻鱷長度為 6.8 英尺時, 它的年齡多大?

  (c)請畫出這個函數的圖形。

3. 設備折舊

  下式為某企業購買生產設備後之線性等式:

$$y = C - \frac{C - S}{n}t$$

  t: 年度, y: 使用 t 年後資產價值, n: 可使用年限, C: 原始成本, S: 殘值。

  企業購置設備價格為 \$100,000, 若殘值為 \$3,600, 可使用年限為 15 年, 則

  (a)試由 $y = mt + b$ 求出其使用設備任一時點之直線方程式。

  (b)在使用設備 10 年後, 其價值為多少?

  (c)請畫出時間 t 與使用 t 年後的資產價值 y 之間的關係圖。

1-3 直線函數

在前面兩節的討論中，我們不只一次的提到「直線方程式」這個名詞，並且也約略的告訴各位，直線方程式的繪圖相當的簡易，只要找出這個函數上的兩點出來，再用直尺畫出一條直線將兩點連在一起就大功告成了。真的，直線方程式是最簡單的函數形式，不過也是最重要的函數形式之一。我們的日常生活中，很多的因果關係都是直線關係的。什麼是「直線關係」呢？就是一個函數可以用下面的形式表示：

$$y = f(x) = mx + b$$

例如：假設微積分期中考共有 25 題，每題 4 分，所以當你每錯一題，總分就少掉 4 分。假使要以題數來表示分數的函數，該怎麼寫呢？

$$f(x) = 100 - 4x$$

這個函數的圖形該怎麼畫呢？請把上一節所學的真功夫拿出來吧！你所繪出的圖形應該是類似圖 1–12 的樣子。發現了嗎？每多錯一題，成績又會少 4 分，而且這個 -4 分的變化率是不變的。

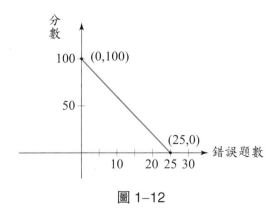

圖 1–12

又如：阿宏半導體公司的財務人員發現，公司的獲利與 flash 記憶體的合約價格有關。如果獲利單位是以億元來計算的話，它的函數是

$$p(t) = -736 + 150\,t$$

它的函數圖形請看圖 1–13。當 flash 記憶體的合約價上漲 1 美元的時候，對阿宏半導體公司的獲利影響很大吧？ 不論合約價現在是 1 美元還是 100 美元，合約價每上漲 1 美元，獲利就固定增加 150 億美元！

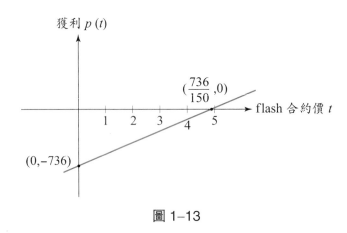

圖 1–13

經過苦口婆心的「明示」之後，相信各位已經開始發現直線函數的特性了吧？

它的函數值 y 與自變數 x 之間的變化率是固定的！

直線函數在幾何上最重要的特性就是無論自變數 x 的值是什麼，只要 x 的改變量是固定的，那麼函數值 y 的改變量也是固定的。我們用剛才的期中考試的例子來說明一下（圖 1–14 (a)(b)）：

當自變數 x 從 0 移動到 1，也就是 x 的變化量為 1 時，成績 $f(x)$ 由滿分 100 分下降到 96 分，也就是 $f(x)$ 的變化量為 −4 分。現在讓我們往前移動，當 x 從 20 移動到 21 時，此時 x 的變化量也是 1，$f(x)$ 的值由 20 分下降至 16 分，$f(x)$ 的變化量還是 −4！ 也就是說，不論自變數 x 的值是多少，$f(x)$ 與 x 的變化量的比值是一個固定的常數！

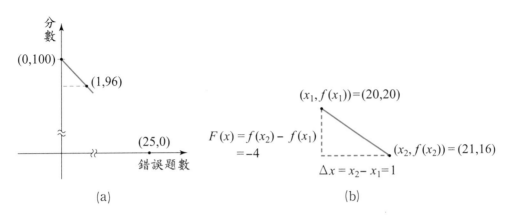

圖 1–14

定義 1-3 斜 率

$$m = \frac{f(x) \text{ 的變化}}{x \text{ 的變化}} = \frac{f(x_2) - f(x_1)}{x_2 - x_1} = \frac{\Delta f(x)}{\Delta x}$$

(a)當 $m > 0$（正斜率），則表示 x 與 $f(x)$ 值的變動方向是一致的。

(b)當 $m < 0$（負斜率），則表示 x 與 $f(x)$ 值的變動方向是相反的。

(c)當 $m = 0$（零斜率），則表示無論 x 值如何改變，$f(x)$ 值都維持不變。

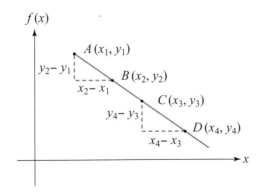

圖 1–15

而直線函數的特性就是，不論在圖形的任何地方，它的斜率都是相等的，以斜率的定義來解釋就是（圖 1-15）：

$$m_1 = \frac{y_2 - y_1}{x_2 - x_1} = m_2 = \frac{y_4 - y_3}{x_4 - x_3} = \cdots$$

我們已經了解正斜率與負斜率的不同，那麼該如何由一個直線函數圖形來判別哪個斜率是正，哪個斜率是負呢？其實用眼睛觀察，你就可以說出來答案。請你的視線從左到右水平沿著 x 軸注視，如果這條直線的 $f(x)$ 值是隨著你的視線往上（增加）的，那麼這條直線斜率為正（圖 1-16 (a)）；反之，你的視線從左到右水平沿著 x 軸注視，卻發現這條直線的 $f(x)$ 值是隨著你的視線往下（減少）的，那麼這個直線函數的斜率即為負值（圖 1-16 (b)）。

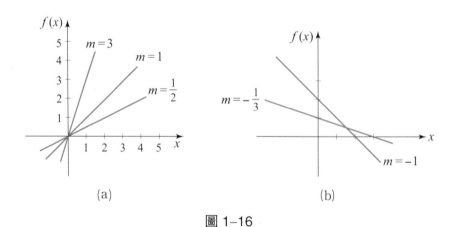

(a)　　　　　　　　　　　　　　(b)

圖 1-16

為了讓你對斜率的觀念更清晰，我們再補充一個很重要的觀念，那就是斜率大小的比較。「那太簡單了，顧名思義，斜率就是要愈『斜』的直線，斜率才是愈大！」要是你的答案就這樣「簡單」的話，那我只能給你 50 分。在斜率為正的情況下，的確是愈斜的直線斜率愈大，不過負斜率的話，則是愈接近水平線，斜率愈大。把你給弄糊塗了嗎？圖 1-17 可以幫你解決這個困擾：

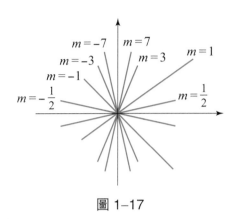

圖 1–17

點斜式

　　由坐標軸上的函數圖形定出直線方程式的方法很多，但說真的，你不需要全部記住，只要你學會一招半式就可以打遍天下無敵手了，那就是點斜式 (the point-slope form)。

例 題 1-7　已知一點及斜率，求直線函數方程式

已知直線函數通過點 $(-3, 2)$，其斜率為 $-\frac{1}{2}$，該直線函數為何？

解　我們只要有點及斜率，就有足夠的條件找出這個函數了！怎麼說呢？點斜式的原理很簡單。剛才提過，直線函數的斜率到處都一樣是 m，也就是說，此函數上的任何一點 (x, y) 與 $(-3, 2)$ 所連成的直線，斜率 m 一定都是 $-\frac{1}{2}$，記得斜率是怎麼算的吧？

$$\frac{y-2}{x-(-3)} = m = -\frac{1}{2} \Rightarrow \frac{y-2}{x+3} = -\frac{1}{2}$$

既然 $\frac{y-2}{x+3}$ 等於 $-\frac{1}{2}$，所以兩個數字都各乘以 $(x+3)$ 還是相等的

$$(x+3) \times \frac{y-2}{x+3} = -\frac{1}{2} \times (x+3) \Rightarrow y-2 = -\frac{1}{2}(x+3)$$

如果你願意多花點時間整理上式的話，此直線之方程式為

$$y = f(x) = \frac{1}{2}(1-x) = \frac{1}{2} - \frac{1}{2}x$$

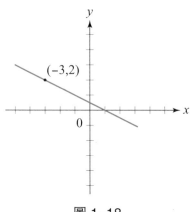

圖 1–18

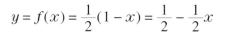

例 題 *1-8* 已知兩點，求直線函數

已知坐標平面上有兩點，$A(2, 5)$，$B(-1, 3)$，你已經知道將它們用直尺連在一起畫出一條直線，但這條直線的函數是什麼呢？

解 別緊張，既然你已經有兩點的資訊了，求它們的斜率也就易如反掌。

$$m_{\overleftrightarrow{AB}} = \frac{y_2 - y_1}{x_2 - x_1} = \frac{3-5}{-1-2} = \frac{-2}{-3} = \frac{2}{3}$$

有了斜率一切就搞定了。也許你有點疑惑，點斜式只需要一個點與斜率即可求得。現在題目中有兩個點，該取那一點才對呢？放心，不論你採用哪一個點，結果都是一樣的。

接下來的流程與上例完全一樣，假設我們取點 $(-1, 3)$

$$\frac{y-3}{x-(-1)} = \frac{2}{3} \Rightarrow \frac{y-3}{x+1} = \frac{2}{3} \Rightarrow y-3 = \frac{2}{3}(x+1)$$

$$\Rightarrow y = f(x) = \frac{2}{3}x + \frac{11}{3}$$

習題 1-3

1. 請畫出下列方程式之圖形：

   (a) $y = 5x - 3$

   (b) $2x + 4y = 6$

   (c) $2x - \dfrac{y}{3} = 4$

   (d) $3x + 8y = 48$

2. 請找出以下直線函數的斜率與截距：

   (a) $y = 3x - 4$

   (b) $y = \dfrac{1}{4}x + 5$

   (c) $3x + 4y - 5 = 0$

   (d) $6x - 2y + 3 = 0$

3. 已知斜率及一點坐標，求出下列各題的直線函數：

   (a) 斜率為 2，且過點 $(4, 3)$

   (b) 斜率為 -1，且過點 $(-1, 3)$

   (c) 斜率為 $\dfrac{1}{5}$，且過點 $(0, -2)$

   (d) 斜率為 $-\dfrac{2}{3}$，且 y 截距為 2

   (e) 斜率為 $\dfrac{3}{4}$，且 x 截距為 -4

4. 請以 $f(x) = mx + b$ 的形式表示上題中所有的直線方程式。

5. 單利問題

   在利率與財務學裡，單利的本利和是最基本的問題。現在我們有本金 p，投資於利率為 i 的金融資產，假設是以單利計算利息，則經 t 年之後的本利和應為

   $$A(t) = p + p \times i \times t$$

現假設我們投資了 10,000 元，年利率為 6%，則

$$A(t) = 10,000 + 10,000 \times 6\% \times t$$

(a) 10 年後本利和 $A(t) = ?$

(b)請畫出此直線函數圖形。

(c)在單利問題中，y 截距代表著什麼特殊意義呢?

6. 銷售分析

某電腦公司的銷售金額（單位為億元）可以用以下的直線函數表示:

$$f(x) = 7.33 + 5.5x$$

x 在 2000 年為 0，2001 年為 1，依此類推，則

(a)請預測 2005 年的銷售額為多少? 2010 年呢?

(b)繪出銷售額的時間序列圖。可以對銷售趨勢圖做出你對公司營收的分析嗎?

1-4　函數的運算與合成

　　小寶電腦主要的產品有兩種：筆記型電腦及手機。其筆記型電腦部門的資料顯示，筆記型電腦的銷售量與它的平均售價有函數關係：

$$f(x) = 3.7 + 2.5x^2 - 1.7x^5$$

另一方面，筆記型電腦的平均售價 x，與全世界的經濟成長率 $u\%$ 有函數關係：

$$x = 0.5 + 0.8u + 0.1u^2$$

那麼，當全世界的經濟成長率下降了 1%，會對筆記型電腦的售價產生什麼樣的影響？這是全球的高科技產業分析師絞盡腦汁想要解答的問題。

　　像剛才所提到的例子，在實務上屢見不鮮，而在數學領域裡，你也會時常遇到函數與函數之間加減乘除的運算，甚至還有所謂的「函數中的函數」，那也就是函數的合成了。

函數的運算

　　免驚啦！如果你會數字的加減乘除運算，函數的運算就難不倒你了。舉例說吧！我們現在有個函數 $f(x)$ 與 $g(x)$，它們分別為

$$f(x) = 5x - 4 \text{ 與 } g(x) = 3x^2 + 2x + 1$$

假定有一個函數 $h(x)$，它等於 $f(x)$ 與 $g(x)$ 兩函數相加，你該怎麼做？

$$\begin{aligned}
h(x) = f(x) + g(x) &= (f + g)(x) \\
&= (5x - 4) + (3x^2 + 2x + 1) \\
&= 3x^2 + 7x - 3
\end{aligned}$$

我們要特別留意的一點，就是函數運算的「定義域」，必須同時是兩函數 $f(x)$ 與 $g(x)$ 的定義域，才是函數運算的「合法」定義域。

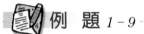 例 題 *1-9*

函數 $f(x) = x^2 + 1$，$g(x) = \sqrt{x-1}$，若函數 $h(x)$ 為

(a) $(f+g)(x)$ (b) $(f-g)(x)$ (c) $(f \cdot g)(x)$ (d) $(\frac{f}{g})(x)$

則 $h(x)$ 為何？ $h(x)$ 的定義域又是什麼呢？

解 說到定義域，我們需要先把兩個函數分開來討論：

$f(x)$ 的定義域很明確，所有的實數 $\mathbb{R}$ 都是定義域。

$g(x)$ 呢？根號內是不可以小於 0 的，因此 $x-1 \geq 0$，也就是 $x \geq 1$ 的所有實數才是 $g(x)$ 的定義域。

$f(x)$ 及 $g(x)$ 共有的定義域（交集）則是 $x \geq 1$，也就是 $g(x)$ 的定義域。

這題的解答我想以下表來展示會比較清楚：

運算結果	定義域
$(f+g)(x) = f(x) + g(x) = x^2 + 1 + \sqrt{x-1}$	$x \geq 1$
$(f-g)(x) = f(x) - g(x) = x^2 + 1 - \sqrt{x-1}$	$x \geq 1$
$(f \cdot g)(x) = f(x) \cdot g(x) = (x^2 + 1)\sqrt{x-1}$	$x \geq 1$
$(\frac{f}{g})(x) = \frac{f(x)}{g(x)} = \frac{x^2 + 1}{\sqrt{x-1}}$	$x > 1$

當你在從事函數的除法運算時，要特別注意分式的分母不能為 0，也就是說會使 $g(x) = 0$ 的 x 值也要排除在外。

$g(x) = \sqrt{x-1} = 0$ 的 x 值是 1，因此 $(\frac{f}{g})(x)$ 的定義域並不包含 $x = 1$。

函數的合成

　　記得在函數定義域的「咖啡磨豆機」例題嗎? 如果我們把函數的範圍擴大變成是「Starbucks 咖啡店」,那麼「咖啡店」這個函數的自變數與因變數分別是什麼呢? 答案是: 自變數是咖啡豆,而因變數自然是一杯香純的咖啡嘍! 你可以很清楚的觀察到,從咖啡豆一路走到一杯香純的咖啡,要經過好幾道不同的程序(圖 1–19)。咖啡豆是磨豆機的輸入變數,而咖啡粉就是磨豆機的產品。磨豆機所產出的咖啡粉,則是咖啡機的輸入變數。再經過咖啡機的精心烹煮,才會產生出一杯香醇的咖啡。如果磨豆機是函數 $f(x)$,咖啡機是函數 $g(x)$,則由咖啡豆直接轉變到咖啡的整個過程(也就是咖啡店啦!),就是 $f(x)$ 與 $g(x)$ 的合成函數。可是 $f(x)$ 和 $g(x)$ 要怎麼合成啊? $f(x)$ 的值不是要被 $g(x)$ 拿來當作是輸入變數嗎? 所以 $g(\ )$ 的括弧裡應該不是 x,而是 $f(x)$! 我們可以把它記作

$$(g \circ f)(x) = g(f(x))$$

圖 1–19

 例 題 *1 - 10* ....

已知兩個函數 $f(x)$ 與 $g(x)$ 分別為

$$f(x) = 2x + 1, \ g(x) = x^2 + 1$$

請問:

(a) $(f \circ g)(x)$ 為何?

(b) $(g \circ f)(x)$ 為何?

(c) 函數的合成滿足交換律嗎? 也就是說,$(f \circ g)(x)$ 等於 $(g \circ f)(x)$ 嗎?

解 (a) $(f \circ g)(x) = f(g(x))$

$\qquad\qquad = f(x^2 + 1)$

（函數 $f(x)$ 的所有 x 以 $g(x)$ 的函數值 $x^2 + 1$ 代替）

$\qquad\qquad = 2(x^2 + 1) + 1$

$\qquad\qquad = 2x^2 + 2 + 1$

$\qquad\qquad = 2x^2 + 3$

(b) $(g \circ f)(x) = g(f(x))$

$\qquad\qquad = g(2x + 1)$ （這次換 $f(x)$ 的函數值 $2x + 1$ 代入 $g(x)$）

$\qquad\qquad = (2x + 1)^2 + 1$

$\qquad\qquad = (4x^2 + 4x + 1) + 1$

$\qquad\qquad = 4x^2 + 4x + 2$

(c) 由 (a)(b) 知,$(f \circ g)(x) \neq (g \circ f)(x)$,所以函數的合成是不合乎交換律的!

這一節看樣子可以大功告成了……還沒呢! 有一個陷阱你可能還沒有留意到, 不信的話請看下一個例題:

 **例 題** *1 - 11*

已知函數 $f(x) = x + 1$,$g(x) = \sqrt{x}$,則 $(g \circ f)(x)$ 為?

解 不用說,你的第一個反應是: 比上一題還簡單嘛! 馬上學上一題如法泡製。

$$(g \circ f)(x) = g(f(x)) = g(x + 1)$$
$$= \sqrt{x + 1}$$

做完了拍拍屁股要交卷了嗎? 可惜「差之毫厘,失之千里」。怎麼說呢? 就讓我們用一個數字來試試看吧!

現在用 $x = -5$ 代入 $f(x)$ 中，$f(x) = -5 + 1 = -4$（沒問題）

接下來呢？$g(f(x)) = g(-4) = \sqrt{-4} = ???$（沒解了！）

以上的例子給了你什麼啟示？一個合成函數 $(g \circ f)(x)$ 的成立，並不是無條件的。

合成函數成立的條件：

1. 自變數 x 必須是位於 $f(x)$ 的定義域內。

2. 由於 $f(x)$ 的所有函數值（值域），是 $g(x)$ 的自變數，因此 $f(x)$ 的值域必須完全在 $g(x)$ 的定義域內。

3. $(f \circ g)(x) \neq (g \circ f)(x)$

合成函數 $(g \circ f)(x)$ 的對應關係，則可以用圖 1–20 來表示：

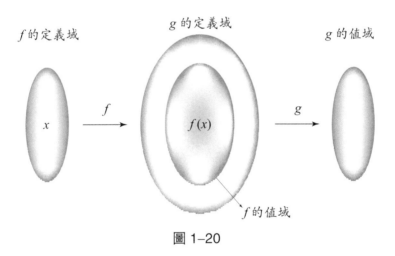

圖 1–20

習 題 1-4

1. 假設 $f(x) = x + 1$，則

  (a) $(f(x))^3 = ?$

  (b) $(f \circ f \circ f)(x) = ?$

  (c) (a)與(b)的答案相同嗎?

2. 請將二函數 $f(x)$ 與 $g(x)$ 做以下的運算:

$$(f+g)(x), \ (f-g)(x), \ (f \times g)(x), \ (\frac{f}{g})(x), \ (f \circ g)(x)$$

  (a) $f(x) = x^2, \ g(x) = \dfrac{1}{x^2}$

  (b) $f(x) = 2x - 3, \ g(x) = \sqrt{2x - 3}$

  (c) $f(x) = x^2 - 2x - 3, \ g(x) = x - 3$

  (d) $f(x) = \sqrt{x}, \ g(x) = x - 3$

3. 已知 $f(x) = 2x + 5, \ g(x) = \left| x^2 + 2x - 1 \right|$，求下列各函數值:

  (a) $h(x) = (f+g)(x), \ h(3), h(5)$ 及 $h(-4)$

  (b) $m(x) = (f \times g)(x), \ m(-7)$ 及 $m(0)$

  (c) $n(x) = (g \circ f)(x), \ n(3)$ 及 $n(-5)$

4. 請找出以下各題的合成函數 $f(g(x))$ 及 $g(f(t))$

  (a) $f(t) = 3t - 5, \ g(x) = x - 2$

  (b) $f(t) = 2t^2 - 5t + 3, \ g(x) = x - 3$

5. 求下列合成函數:

  (a) $f(x) = x - 10$，則 $f(x + 2) = ?$

  (b) $f(x) = 5x^2 - 3x + 4$，則 $f(x - 1) = ?$

  (c) $f(x) = (2x - 1)^2$，則 $f(\dfrac{1}{x}) = ?$

6. 阿輝製藥公司的行銷預測人員，想要預測未來它的不老丹的需求量。已知他們
   找到了以下的關係：

   該藥品的需求量 $d(x)$ 與 60 歲以上人口佔總人口的比例 p，有函數關係為

   $$d(p) = 1.5 + 0.6p$$

   而 60 歲以上人口佔總人口的比例則與時間 t 有函數關係

   $$p(t) = 4 + 1.5t + 0.25t^2$$

   t：距離 2001 年的時間長度，以年表示。

   (a) 那麼藥品需求量與時間有函數關係嗎？有的話是什麼函數關係？

   (b) 這個藥品在 2003 年的預測需求量是多少？2010 年呢？

微積分的入門之鑰
極　限

學習興奮度：★★★★
學習困難度：★★★
研究所考題集中度：★★★

開場白

在 19 世紀的英國，曾經發行過一種所謂的「永續公債」。什麼是永續公債呢？顧名思義，就是「一種債券，它定期發放固定的利息，直到永遠。」舉個例來說吧！假設我們現在購買的是一張剛剛發行的永續公債，它的規格是這樣子的：

面額：1,000 元
票面利率：年利率 10%，每年付息一次

你可能在想，「真是賺到了！」買了一張債券而你可以終身擁有固定收入（每年 $1,000 \times 10\% = \$100$），還可以將它傳給子孫作為傳家寶，讓子孫也都享有這樣的福利，買到這種債券真的是「爽」死了。想像中，你可以拿到無數多次的 100 元；因此，想要從你手中買下它的人，應該要支付

$$100 + 100 + \cdots + 100 = \sum_{i=1}^{\infty} 100 = \lim_{n \to \infty} \sum_{i=1}^{n} 100 = \infty$$

買方必須支付無窮大的金額才能從你手中買到永續債券。但難道發行永續債券的人是大白痴嗎？當然不是囉！別忘了，這種債券沒有到期日，這也代表永續債券的發行人永遠不用還所借的本金。另外我們還要考慮到貨幣價值折現的問題，這些問題的原理，就留給你的投資學老師去大顯身手了。我們現在直接跳到公式：永續債券的價值是

$$\frac{100}{(1+y\%)} + \frac{100}{(1+y\%)^2} + \frac{100}{(1+y\%)^3} + \cdots = \sum_{i=1}^{\infty} \frac{100}{(1+y\%)^i} \qquad (i \text{ 是利率})$$

$$= \lim_{n \to \infty} \sum_{i=1}^{n} \frac{100}{(1+y\%)^i}$$

（這個總和並不是無窮大，而是固定的一個數字！）

到目前為止，$\lim\limits_{n \to \infty}$ 這個極限符號出現了兩次。極限在我們商學上應用的地方很多，以上所提到的只是其中之一而已！

2-1　極限的概念

前奏曲結束，主戲即將開鑼。

在第一章大夥兒很認真的忙了半天，相信各位也學到了不少函數的觀念。不過說實在的，函數的觀念只能算是微積分學習的「前奏曲」而已。真正可稱做微積分的精采劇情，現在正要開始。你第一步跨入這個領域，所要面對的就是「極限問題」。

極限的思維

談到「極限」這個名詞，很多同學的第一個想法就是：超越人類的極限，與「極致」同義的名詞。從微積分的角度來看，雖然這樣的解釋並沒有錯，但只能說是部分正確。因為這只是微積分所討論的「極限」定義裡的一部分。在這裡我們要給它一個簡單的定義。

定義 2-1　極限的簡易定義

極限的表示法是

$$\lim_{x \to c} f(x) = L$$

這代表當自變數 x 非常接近數字 c 時，函數 $f(x)$ 的值也會同時非常接近數字 L。

但重點是 x 只是逼近 c，並沒有等於 c，這一點非常重要！

很玄吧？靠近 c 卻又不能等於 c，這叫做「可望而不可即」。為了解答你的疑惑，我們趕快進入例題。

例 題 *2-1*

求 $\lim_{x \to 1} (x+1)$ 之值。

解　函數 $f(x) = x+1$，當 x 接近 1 的時候，$f(x)$ 會接近某一個固定的值嗎？
讓我們先畫一個表出來！

x	$f(x) = x+1$
1.5	2.5
1.1	2.1
1.01	2.01
1.001	2.001
1.0001	2.0001
0.9999	1.9999
0.999	1.999
0.99	1.99
⋮	⋮

不論 x 是由左或是由右接近 L，$f(x)$ 的值都會同時趨近一個固定的數字
2，如果我們畫個函數圖來看那就更快了！（圖 2-1）

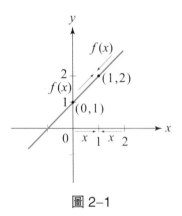

圖 2-1

一眼你就可以看出，不論是從左邊還是右邊，凡是 x 接近 1 時，$f(x)$ 函
數值也會很接近 2 這個數字，所以 $\lim_{x \to 1} (x+1) = 2$。

這個例題不難吧？事實上直接把 $x = 1$ 代入函數 $f(x)$：

$$f(x) = (1) + 1 = 2$$

正好就是極限值了。所以聰明的你就大膽的假設，極限的求法就是把 x 要趨近的數字直接代入函數，所求得的函數值就是極限值了！唉，你又錯了！大膽的假設固然很好，但是小心求證才能讓我們的假設立於不敗之地，如果你不信，我們舉一個例子來瞧瞧。

 例 題 2-2

求 $\lim\limits_{x \to 1} \dfrac{x^2 - 1}{x - 1}$ 之值。

解　這次你可以試試看剛才的大膽假設。按照我們的如意算盤

$$\lim_{x \to 1} \frac{x^2 - 1}{x - 1} = f(1) = \frac{1^2 - 1}{1 - 1}$$

$$= \frac{1}{0} \text{（??? 分母是 0，這個函數當機了!）}$$

但是，真的這個極限也跟著當機了嗎？我們試試上例所用的表

x	$f(x)$
2.5	3.5
1.5	2.5
1.1	2.1
1.01	2.01
1.001	2.001
1.0001	2.0001
0.999	1.999
0.99	1.99
0.9	1.9

奇怪，從這個表看來，當 x 越來越靠近 1 時，$f(x)$ 很穩定的越來越逼近 2。這個函數在 $x = 1$ 有極限值，然而 x 恰等於 1 時，卻是沒有意義的。

這個函數的圖形是這樣的：（圖 2-2）

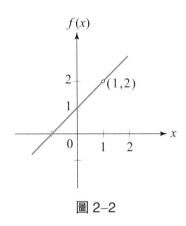

圖 2-2

其實函數 $f(x)$ 經過仔細的觀察，你可以發現到

$$f(x)=\frac{x^2-1}{x-1}=\frac{(x+1)(x-1)}{(x-1)}=x+1$$

這樣你就清楚為何一個分式圖形會是一條直線了吧！正因為如此，$f(x)$ 在 $x=1$ 有極限，但是 $f(1)$ 是不合理的。

一切都沒有問題的話，我們接著又要往前推到更進一步的極限定義了。

單邊極限

為何會提到「單邊」的極限值呢？因為沒有這個概念的話，很多實務上的問題是沒有辦法解決的。單邊極限應用程度之廣，恐怕會出乎你意料之外！讓我們先談談它們的定義：

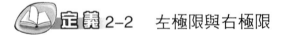 定義 2-2　左極限與右極限

(a)右極限：$\lim\limits_{x \to c^+} f(x)=L$ 代表當 x 接近但仍大於 c 時，$f(x)$ 也會接近一個固定值 L。

(b)左極限：$\lim_{x \to c^-} f(x) = L$ 代表當 x 接近但仍小於 c 時，$f(x)$ 也會接近一個固定值 L。

那麼到底能用在什麼地方呢？在這裡我們就舉兩個例子：

 例 題 *2-3*　根式的極限值 ·····················

$\lim_{x \to 5} \sqrt{x} = \sqrt{5}$

$\lim_{x \to -3} \sqrt{x}$ 不存在，因為根號內部必須是大於零的數

那麼 $\lim_{x \to 0} \sqrt{x}$ 呢？

真尷尬，如果我們 x 是從 0 的右邊接近 0 的話，很明顯的 $\sqrt{x}$ 會接近 0，但是如果當 x 從 0 的左側接近 0 的話，那根本行不通，因為不論你是如何努力的接近 0，它就是一個負數，所以就無法待在根號內部。

結論是：$\lim_{x \to 0^+} \sqrt{x} = 0$，$\lim_{x \to 0^-} \sqrt{x}$ 不存在，那 $\lim_{x \to 0} \sqrt{x}$ 呢？當然是不存在了！

請問以下函數之極限值存在嗎？

(a) $\lim_{x \to 0} |x|$　　(b) $\lim_{x \to 0} \dfrac{|x|}{x}$

 例 題 *2-4*　購物折扣 ·····················

「草本香頌」從紐西蘭進口純植物精油展售。現在正舉行週年慶特賣。凡一次購買 1,000 元（包含）以上的養生系列則享 9 折優待，則這個活動的消費函數是：

$$f(x) = \begin{cases} x & 0 \le x < 1,000 \\ 0.9x & x \ge 1,000 \end{cases}$$

第一個工作，就是畫個函數圖形（圖 2–3）：

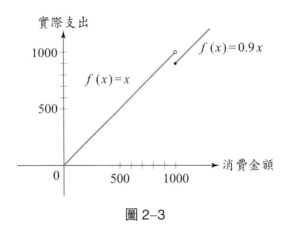

圖 2–3

請告訴我，這個圖形在哪裡極限可能會出問題？

當然是在 $x = 1{,}000$ 的時候！

在 $x = 1{,}000$ 這點的左邊，$f(x) = x$

在 $x = 1{,}000$ 這點的右邊，$f(x) = 0.9x$

$$\lim_{x \to 1000^+} f(x) = \lim_{x \to 1000^+} 0.9x = 900$$

$$\lim_{x \to 1000^-} f(x) = \lim_{x \to 1000^-} x = 1{,}000 \neq \lim_{x \to 1000^+} 0.9x$$

這次 $\lim_{x \to 1000^+} f(x)$ 與 $\lim_{x \to 1000^-} f(x)$ 都存在，但是不相等，所以請你告訴我這個消費函數，在消費額恰好為 1,000 元時有極限嗎？答案當然是沒有！

 定理 2–1

> 若 $f(x)$ 為 x 的函數，則
>
> $$\lim_{x \to a^+} f(x) = \lim_{x \to a^-} f(x) = L \iff \lim_{x \to a} f(x) = L$$
>
> 意思就是：若 $\lim_{x \to a^+} f(x) \neq \lim_{x \to a^-} f(x)$，則 $\lim_{x \to a} f(x)$ 不存在。

一口氣講了這麼多的極限特性，恐怕你會有點消化不良了，但別害怕，下一節的例題會幫助你更深入了解極限問題的解法。

1. 請找出以下各小題之極限值:

(a) $\lim_{x \to 2} (2x + 1)$ (b) $\lim_{x \to 1} |x|$

(c) $\lim_{t \to -1} (1 - 2t)$ (d) $\lim_{u \to -2} \dfrac{u - 3}{\sqrt{u + 6}}$

(e) $\lim_{x \to 3} (x^2 - 3x - 3)$

2. 請找出以下各小題的極限值:

(a) $\lim_{x \to 1} \dfrac{x^2 + 1}{x - 1}$ (b) $\lim_{x \to 1} \dfrac{x^2 - 1}{x - 1}$

(c) $\lim_{x \to t} \dfrac{x^3 - t^3}{x - t}$ (d) $\lim_{x \to -2} \dfrac{x^2 + x - 2}{x + 2}$

3. 如果函數圖形如下圖:

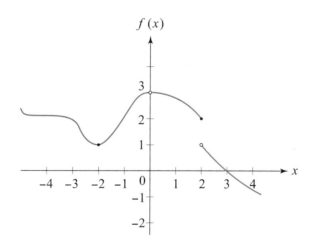

請問以下各題之值為何?

(a) $f(-2)$ (b) $f(0)$

(c) $f(2)$ (d) $\lim_{x \to -2} f(x)$

(e) $\lim_{x \to 0} f(x)$ (f) $\lim_{x \to 2} f(x)$

(g) $\lim_{x \to 2^-} f(x)$ (h) $\lim_{x \to 2^+} f(x)$

4. 假設函數 $f(x)$ 為

$$f(x) = \begin{cases} -x+3 & x \leq 0 \\ |x+5| & 0 < x \leq 1 \\ 2x^2 - 10 & x > 1 \end{cases}$$

試求以下各小題之值:

(a) $\lim_{x \to 0^-} f(x)$ (b) $\lim_{x \to 0^+} f(x)$

(c) $\lim_{x \to 0} f(x)$ (d) $\lim_{x \to 1^-} f(x)$

(e) $\lim_{x \to 1^+} f(x)$

2-2 極限定理

沒想到小小的極限會製造出這麼多麻煩來吧！

$$\lim_{x \to a} f(x) = ?$$

如果 $f(x)$ 是很簡單的函數，如 $f(x) = x + 3$，那麼它的極限很容易找到。不過當 $f(x)$ 很複雜，如 $(x^2 + 3x + 1)(2x - 3)$，那怎麼辦才好？

你當然可以用上節一開始的方法，將很多接近 a 的 x 值代入 $f(x)$，然後來看 $f(x)$ 靠近哪一個固定值，可是，這不但耗時而且也很容易出錯。這一節裡面將要教你的，都是在做極限運算時很實用的定理，所以想必會很受到你的歡迎！

定理 2-2　極限定理大集合

假設 n 是一個正整數（自然數），k 是一個常數，再令 f 與 g 是兩函數，它們在 c 都有極限值，則

(1) $\displaystyle\lim_{x \to c} k = k$

(2) $\displaystyle\lim_{x \to c} x = c$

(3) $\displaystyle\lim_{x \to c} kf(x) = k\lim_{x \to c} f(x)$

(4) $\displaystyle\lim_{x \to c} [f(x) \pm g(x)] = \lim_{x \to c} f(x) \pm \lim_{x \to c} g(x)$

(5) $\displaystyle\lim_{x \to c} [f(x) \cdot g(x)] = \lim_{x \to c} f(x) \cdot \lim_{x \to c} g(x)$

(6) 若 $\displaystyle\lim_{x \to c} g(x) \neq 0$，則 $\displaystyle\lim_{x \to c} \frac{f(x)}{g(x)} = \frac{\displaystyle\lim_{x \to c} f(x)}{\displaystyle\lim_{x \to c} g(x)}$

(7) $\displaystyle\lim_{x \to c} [f(x)]^n = [\lim_{x \to c} f(x)]^n$

別小看這些有點複雜的定理，它們絕對很有幫助。請看以下的例題！

例 題 2-5　極限定理的初級應用

求 $\lim_{x \to 2}(3x)$ 之值。

解　$\lim_{x \to 2}(3x) = 3(\lim_{x \to 2} x)$　（定理 2–2⑶）

$\qquad\qquad = 3(2)$　（定理 2–2⑵）

$\qquad\qquad = 6$

這次的極限不是用觀察的，也不是用計算機，是最直接的把 $x=2$ 代進 $f(x)$ 去找極限值。因為有極限定理做後盾，你可以很大聲的說出正確答案 $\lim_{x \to 2}(3x) = 6$！

例 題 2-6　多項式極限定理的應用

求 $\lim_{x \to -1}(2x^3 - 3x^2 - 10x + 3)$ 之值。

解　$\lim_{x \to -1}(2x^3 - 3x^2 - 10x + 3)$

$= \lim_{x \to -1}(2x^3) - \lim_{x \to -1}(3x^2) - \lim_{x \to -1}(10x) + \lim_{x \to -1} 3$　（定理 2–2⑷）

$= 2\lim_{x \to -1} x^3 - 3\lim_{x \to -1} x^2 - 10\lim_{x \to -1} x + 3$　（定理 2–2⑴⑶）

$= 2(\lim_{x \to -1} x)^3 - 3(\lim_{x \to -1} x)^2 - 10(\lim_{x \to -1} x) + 3$　（定理 2–2⑺）

$= 2(-1)^3 - 3(-1)^2 - 10(-1) + 3$　（定理 2–2⑵）

$= -2 - 3 + 10 + 3$

$= 8$

練功時間

請求出以下各題的極限值：

(a) $\lim_{x \to 4}(x + 4)$　　(b) $\lim_{x \to 1}(x^2 - 2x + 1)$　　(c) $\lim_{x \to 3}[(x^2 + 1)(2x - 3)]$

例 題 2-7   分式的極限 ⋯⋯⋯⋯⋯⋯⋯⋯⋯⋯⋯⋯

請找出下列各題極限：

(a) $\lim\limits_{x\to 1} \dfrac{x-3}{x+1}$ (b) $\lim\limits_{x\to -3} \dfrac{x^2+9}{x+2}$ (c) $\lim\limits_{x\to 2} \dfrac{x^2+x-6}{x-2}$

解 (a) $\lim\limits_{x\to 1} \dfrac{x-3}{x+1} = \dfrac{\lim\limits_{x\to 1}(x-3)}{\lim\limits_{x\to 1}(x+1)}$ （定理 2-2 (6)）

$$= \dfrac{\lim\limits_{x\to 1} x - \lim\limits_{x\to 1} 3}{\lim\limits_{x\to 1} x + \lim\limits_{x\to 1} 1} = \dfrac{1-3}{1+1} = \dfrac{-2}{2} = -1$$

(b) $\lim\limits_{x\to -3} \dfrac{x^2+9}{x+2} = \dfrac{\lim\limits_{x\to -3}(x^2+9)}{\lim\limits_{x\to -3}(x+2)}$ （定理 2-2 (6)）

$$= \dfrac{\lim\limits_{x\to -3} x^2 + \lim\limits_{x\to -3} 9}{\lim\limits_{x\to -3} x + \lim\limits_{x\to -3} 2} = \dfrac{(\lim\limits_{x\to -3} x)^2 + \lim\limits_{x\to -3} 9}{\lim\limits_{x\to -3} x + \lim\limits_{x\to -3} 2}$$

$$= \dfrac{(-3)^2+9}{(-3)+2} = \dfrac{18}{-1} = -18$$

(c) $\lim\limits_{x\to 2} \dfrac{x^2+x-6}{x-2} = \dfrac{\lim\limits_{x\to 2}(x^2+x-6)}{\lim\limits_{x\to 2}(x-2)} = \dfrac{\lim\limits_{x\to 2} x^2 + \lim\limits_{x\to 2} x - \lim\limits_{x\to 2} 6}{\lim\limits_{x\to 2} x - \lim\limits_{x\to 2} 2}$

$$= \dfrac{(2)^2+2-6}{2-2} = \dfrac{0}{0} \quad (???)$$

$\dfrac{0}{0}$ 到底是什麼東西？這時可別鐵口直斷說是沒有極限。因為你忘了一

個基本步驟：那就是這裡的 $f(x)$ 並不是「最簡分式」。

重來一遍！

$$\lim\limits_{x\to 2} \dfrac{x^2+x-6}{x-2} = \lim\limits_{x\to 2} \dfrac{(x+3)(x-2)}{(x-2)} = \lim\limits_{x\to 2}(x+3)$$
$$= \lim\limits_{x\to 2} x + \lim\limits_{x\to 2} 3 = 2+3 = 5$$

　　從上列的極限求值給了你什麼啟示？那就是一般分式必須先化簡成「最
簡分式」的形式，再應用極限定理。

例 題 *2-8* 根式，根式之分式的極限值求法 ·············

(a) $\displaystyle\lim_{x\to 9}\frac{\sqrt{x}}{x+3}$ (b) $\displaystyle\lim_{x\to -1}\sqrt{x+5}$

解 (a) $\displaystyle\lim_{x\to 9}\frac{\sqrt{x}}{x+3}=\frac{\displaystyle\lim_{x\to 9}\sqrt{x}}{\displaystyle\lim_{x\to 9}(x+3)}=\frac{\displaystyle\lim_{x\to 9}x^{\frac{1}{2}}}{\displaystyle\lim_{x\to 9}x+\lim_{x\to 9}3}$

$$=\frac{(\displaystyle\lim_{x\to 9}x)^{\frac{1}{2}}}{9+3}=\frac{\sqrt{9}}{12}=\frac{3}{12}=\frac{1}{4}$$

(b) $\displaystyle\lim_{x\to -1}\sqrt{x+5}=\sqrt{\displaystyle\lim_{x\to -1}(x+5)}=\sqrt{\displaystyle\lim_{x\to -1}x+\lim_{x\to -1}5}$

$$=\sqrt{(-1)+5}=\sqrt{4}=2$$

習 題 2-2

1. 請利用極限定理求出下列極限值：

(a) $\lim\limits_{x \to 0} (2x + 5)$

(b) $\lim\limits_{x \to 1} (3x^2 - 5x)$

(c) $\lim\limits_{x \to 0} [(10x + 5)(100x - 3)]$

(d) $\lim\limits_{x \to \sqrt{3}} [(x^2)(x + 1)]$

(e) $\lim\limits_{t \to -1} (\dfrac{t^2 - 3t + 1}{t + 5})$

(f) $\lim\limits_{t \to 5} (3t^3 - 2t^2 + 5t - 2)^{\frac{1}{3}}$

2. 請先將以下的分式化簡成最簡形式後，再求極限值：

(a) $\lim\limits_{x \to 1} \dfrac{x^2 - 1}{x - 1}$

(b) $\lim\limits_{x \to -2} \dfrac{x + 2}{x^2 - 4}$

(c) $\lim\limits_{x \to 1} \dfrac{x^2 - 4x + 3}{x^2 - 1}$

(d) $\lim\limits_{u \to 3} \dfrac{u^3 - 4u^2 + 4u - 3}{u^2 - 2u - 3}$

3. 已知 $\lim\limits_{x \to 1} f(x) = 3$, $\lim\limits_{x \to 1} g(x) = -2$，則下面各極限值為何？

(a) $\lim\limits_{x \to 1} [f(x) + g(x)]$

(b) $\lim\limits_{x \to 1} [f^2(x) - g(x)]$

(c) $\lim\limits_{x \to 1} [\sqrt{g(x)}(-f(x) + 3)]$

(d) $\lim\limits_{x \to 1} [f(x) - g(x)]^2$

4. 導函數的形成

別小看這一題喔，因為將來微分的第一步就是下面這些極限值的求法！

(a) $f(x) = x$，求 $\lim\limits_{x \to 3} \dfrac{f(x) - f(3)}{x - 3}$

(b) $f(x) = x^2$，求 $\lim\limits_{x \to -2} \dfrac{f(x) - f(-2)}{x - (-2)}$

(c) $f(x) = x^2 + 2x + 1$，求 $\lim\limits_{x \to 1} \dfrac{f(x) - f(1)}{x - 1}$

2-3　無窮極限與函數的連續性

　　人類的想像力是無窮的，好奇心也是無盡的。所以，「無窮盡」這個名詞，也是人類最好奇的領域之一。或許全世界人類只有你沒啥興趣，不過我們還是會討論下去，因為沒有以下的觀念，就可能沒辦法做出正確的微積分算式或繪圖。閒話不多說了，我們先來看看「無窮」的定義吧！

$x \to \infty$ 的極限值

　　$x \to \infty$ 的意義是什麼？以我們在極限所學到的來看，它是「x 趨近一個大得不能再大的數字」，不是嗎？（圖 2–4）

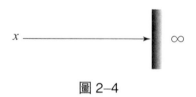

圖 2-4

　　可惜差一點點，怎麼說呢？因為在無窮極限裡的定義跟前面所談的不同。在這裡，x 的值可以一直擴大沒有邊界，它超越任何大得不能再大的數字（圖 2–5）。讓我們一起來看一看下面這個例子吧！

圖 2-5

例 題 *2-9* 由函數圖來看 $x \to \infty$ 的效果 ················

因為今天是第一次接觸這個領域,所以就由我先畫圖來討論。

假設 $f(x) = \dfrac{1}{x}$,則它的圖形是(圖 2-6)

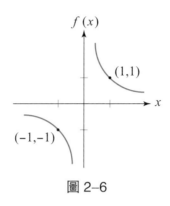

圖 2-6

好好的觀察當 x 愈來愈大(也就是當你的視線往右邊一直延伸下去)會有什麼結論呢? $f(x)$ 的值會越來越小,我們用函數值來作表也是類似的結果:

x	$f(x)$
1	1
10	0.1
1000	0.001
1000000	0.000001
⋮	⋮

如果依照我們之前所學,$x \to \infty$ 是逼近一個很大很大的數字,但即使那數字再怎麼大,$\dfrac{1}{x}$ 再怎麼小,$f(x)$ 都只是趨近一個不是零的數字。而事實擺在眼前,從圖中我們都很清楚的知道 $f(x)$ 接近的是 0,也就是

$$\lim_{x \to \infty} f(x) = \lim_{x \to \infty} \frac{1}{x} = 0$$

至於我們沿著圖往左看,也是相同的現象。雖然 $\dfrac{1}{x}$ 是很小的負值,但

$$\lim_{x \to -\infty} f(x) = \lim_{x \to -\infty} \frac{1}{x} = 0$$

但是接下來我們該如何作這類的題目？現在為止我們只知道 $\lim\limits_{x\to\infty}\dfrac{1}{x}=0$ 與 $\lim\limits_{x\to-\infty}\dfrac{1}{x}=0$，其他的 x 趨近無窮大的極限問題又該如何下手呢？別擔心，其實我們早就料到會有此難關，所以已經幫你們設想好了。剛才的例題就是特地為了往後的問題設計的。不信請看下一個例題：

 例 題 *2-10*　**比較複雜的無窮極限**

求 $\lim\limits_{x\to\infty}\dfrac{x^2}{x^2+1}$ 之值。

解　凡是這類無窮極限的問題，最基本的解題法是：

$$將分子與分母同時除以分母裡\ x\ 的最高次方$$

這一題分母裡 x 的最高次方是 2 次。那就分子分母同時除以 x^2

$$\lim_{x\to\infty}\frac{\dfrac{x^2}{x^2}}{\dfrac{x^2+1}{x^2}}$$

別被弄糊塗了，將分式的分子分母同時除以一個數字，結果和原來的分式是一樣的。就如同我們想把一個分數作約分時，也是分子分母同時除以一個公因數，但「約分前」與「約分後」的分數其實是相等的。

好，接下來我們就可以應用剛才學會的極限定理了：

$$\lim_{x\to\infty}\frac{x^2}{x^2+1}=\lim_{x\to\infty}\frac{\dfrac{x^2}{x^2}}{\dfrac{x^2+1}{x^2}}=\lim_{x\to\infty}\frac{1}{\dfrac{x^2}{x^2}+\dfrac{1}{x^2}}=\lim_{x\to\infty}\frac{1}{1+\dfrac{1}{x^2}}$$

$$=\frac{\lim\limits_{x\to\infty}1}{\lim\limits_{x\to\infty}1+\lim\limits_{x\to\infty}\dfrac{1}{x^2}}=\frac{1}{1+0}=1$$

「等一等！剛剛說 $\lim\limits_{x\to\infty}\dfrac{1}{x}=0$，不過可從來沒提過任何有關 $\lim\limits_{x\to\infty}\dfrac{1}{x^2}$ 是多少

啊?」問這個問題就表示你這人根本沒好好用你的大腦。當 x 越來越大的時

候，x^2 不是大得更快，$\dfrac{1}{x^2}$ 不是比 $\dfrac{1}{x}$ 更快接近 0 嗎? (圖 2–7)

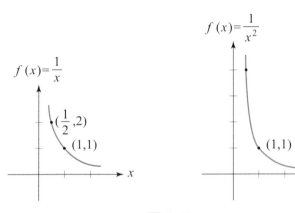

圖 2–7

不過你的問題還是很有貢獻，因為這為我們引導了一個很重要的觀念:

$$\text{若 } n>0，\text{則 } \lim\limits_{x\to\infty}\dfrac{1}{x^n}=0，\text{且 } \lim\limits_{x\to-\infty}\dfrac{1}{x^n}=0$$

這樣下面的例題就好做多了!

例 題 *2–11* 進階的無窮極限

試求下列各題之極限:

(a) $\lim\limits_{x\to\infty}\dfrac{3x^4+2x^3-5x+10}{x^4-7x+8}$
    (b) $\lim\limits_{x\to\infty}\dfrac{5x-38574}{x^2+7779x-8953}$

(c) $\lim\limits_{x\to\infty}\dfrac{1-3x+8x^5}{16x^5+7x-2}$
    (d) $\lim\limits_{x\to\infty}\dfrac{\sqrt{2x^2+3}}{x-2}$

解 (a) $\lim\limits_{x\to\infty}\dfrac{3x^4+2x^3-5x+10}{x^4-7x+8}$ （分母的 x 的最高次項是 x^4!）

$$= \lim_{x \to \infty} \frac{\dfrac{3x^4 + 2x^3 - 5x + 10}{x^4}}{\dfrac{x^4 - 7x + 8}{x^4}} = \lim_{x \to \infty} \frac{3 + \dfrac{2}{x} - \dfrac{5}{x^3} + \dfrac{8}{x^4}}{1 - \dfrac{7}{x^3} + \dfrac{8}{x^4}}$$

$$= \frac{\lim\limits_{x \to \infty}(3 + \dfrac{2}{x} - \dfrac{5}{x^3} + \dfrac{8}{x^4})}{\lim\limits_{x \to \infty}(1 - \dfrac{7}{x^3} + \dfrac{8}{x^4})} = \frac{3 + 0 - 0 + 0}{1 - 0 + 0} = 3$$

(b) $\lim\limits_{x \to \infty} \dfrac{5x - 38574}{x^2 + 7779x - 8953}$　　（分母的 x 的最高次項是 x^2！）

$$= \lim_{x \to \infty} \frac{\dfrac{5x - 38574}{x^2}}{\dfrac{x^2 + 7779x - 8953}{x^2}} = \lim_{x \to \infty} \frac{\dfrac{5}{x} - \dfrac{38574}{x^2}}{1 + \dfrac{7779}{x} - \dfrac{8953}{x^2}}$$

$$= \frac{\lim\limits_{x \to \infty}\dfrac{5}{x} - \lim\limits_{x \to \infty}\dfrac{38574}{x^2}}{\lim\limits_{x \to \infty}1 + \lim\limits_{x \to \infty}\dfrac{7779}{x} - \lim\limits_{x \to \infty}\dfrac{8953}{x^2}} = \frac{0 - 0}{1 + 0 - 0} = 0$$

(c) $\lim\limits_{x \to \infty} \dfrac{1 - 3x + 8x^5}{16x^5 + 7x - 2}$　　（分母的 x 的最高次項是 x^5！）

$$= \lim_{x \to \infty} \frac{\dfrac{1 - 3x + 8x^5}{x^5}}{\dfrac{16x^5 + 7x - 2}{x^5}} = \lim_{x \to \infty} \frac{\dfrac{1}{x^5} - \dfrac{3x}{x^5} + \dfrac{8x^5}{x^5}}{\dfrac{16x^5}{x^5} + \dfrac{7x}{x^5} - \dfrac{2}{x^5}} = \frac{\lim\limits_{x \to \infty}(\dfrac{1}{x^5} - \dfrac{3x}{x^5} + \dfrac{8x^5}{x^5})}{\lim\limits_{x \to \infty}(\dfrac{16x^5}{x^5} + \dfrac{7x}{x^5} - \dfrac{2}{x^5})}$$

$$= \frac{0 - 0 + 8}{16 + 0 - 0} = \frac{8}{16} = \frac{1}{2}$$

(d) $\lim\limits_{x \to \infty} \dfrac{\sqrt{2x^2 + 3}}{x - 2}$（別看到根式就慌了陣腳，還是一樣取分母最大的 x 次方，那就是 x！）

$$= \lim_{x \to \infty} \frac{\dfrac{\sqrt{2x^2 + 3}}{x}}{\dfrac{x - 2}{x}} = \lim_{x \to \infty} \frac{\sqrt{\dfrac{2x^2 + 3}{x^2}}}{1 - \dfrac{2}{x}} = \lim_{x \to \infty} \frac{\sqrt{2 + \dfrac{3}{x^2}}}{1 - \dfrac{2}{x}} = \frac{\sqrt{\lim\limits_{x \to \infty}2 + \lim\limits_{x \to \infty}\dfrac{3}{x^2}}}{\lim\limits_{x \to \infty}1 - \lim\limits_{x \to \infty}\dfrac{2}{x}}$$

$$= \frac{\sqrt{2 + 0}}{1 - 0} = \sqrt{2}$$

函數的連續

「又是一個新的名詞，不知道它是不是又和我們日常生活上的意義有很大的差異?」相信你一定會有這個疑惑。其實是相差不多啦! 不論是在數學還是在科學上，甚至是在商學上，連續性 (continuity) 所代表的是流暢，是沒有「突兀的改變」。而連續的性質，是比較容易使用在計量方法的。而最重要的是，微積分的基礎是建立在函數的連續性上的。

在數學上是如何定義連續的呢?

定義 2-3　函數的連續

令 f 是一個函數，它的定義域是開放區間 (a, b)，且 c 在 (a, b) 之內。如果 $\lim\limits_{x \to c} f(x) = f(c)$，那麼我們可以說 $f(x)$ 在 c 點是連續的!

從定義上看起來似乎有些茫然，不過在之前的極限例題裡，已經作出不少連續函數了。

例　題 2-12　基礎函數連續性的檢驗

請問函數 $f(x) = 2x$ 在 $x = -1$ 這點是否連續?

解　連續的定義不是這麼說的嗎?

$$\lim_{x \to -1} f(x) = f(-1) \text{ 的話，就代表 } f(x) \text{ 在 } x = -1 \text{ 連續。}$$

那麼我們將等號的左右兩邊分開來討論好了。

等號左邊（求極限）

$$\lim_{x \to -1} f(x) = \lim_{x \to -1} (2x) = 2 \lim_{x \to -1} x = 2 \times (-1) = -2$$

等號右邊（求函數值）

$$f(-1) = 2(-1) = -2$$

因為 $\lim\limits_{x \to -1} f(x) = f(-1)$，故 $f(x)$ 在 $x = -1$ 是連續的。

上面這個例題給了你甚麼啟發呢？事實上，想算出函數 $f(x)$ 在 $x = c$ 是否連續，比你所想像的要容易得多了。

 定理 2-3　多項式與分式的連續性

(a)一個多項式在任何實數 c 都是連續的。

(b)分式也在任何實數 c 都是連續的，唯一不連續的地方是在會使分母等於 0 的 x。也就是說，假設分式

$$h(x) = \frac{f(x)}{g(x)}$$

則除了 $g(x) = 0$ 的解之外，$h(x)$ 在任何實數 c 都是連續的。

例　題 *2-13*　進一步的連續性探討 ·······

請問以下函數在那些點不連續？

(a) $f(x) = 1234x^8 + 432x^4 - 745x + 181$

(b) $g(x) = 7x - 3$

(c) $h(t) = \dfrac{2t-1}{t^2+1}$

(d) $r(u) = \dfrac{(u+2)(u-3)}{(u-1)(u+2)}$

解　(a) $f(x)$ 很明顯是多項式，雖然這個多項式函數的係數看起來怪得讓你傻眼，但我們還是得要承認 $f(x)$ 在所有實數 c 都是連續的。

(b)同(a)，因為是多項式函數，所以 $g(x)$ 在所有的實數 c 都是連續的。

(c)這裡的 $h(t)$ 是一個「分式」，因此要特別留心會讓分母 $t^2 + 1 = 0$ 的實數 t 之值，因為這些 t 值會使得 $h(t)$ 不連續。

但我們知道

$$t^2 + 1 = 0 \Rightarrow t^2 = -1$$

我們找不到任何實數 t，可以讓 $t^2 = -1$，因此 $h(t)$ 在所有實數連續。

(d)注意！不要因為你發現了分子分母都有 $(u+2)$ 的因式，就急著把它們消掉喔！因為我們現在所討論的是函數的連續性，而不是在作函數值的計算。我們應該討論的是，所有會造成原分式分母為 0 的所有 u 值。當 $u=1$ 或 $u=-2$ 時會造成分母為 0，因此 $r(u)$ 除了 $u=1$ 或 $u=-2$ 兩點不連續之外，在所有的實數都是連續的！

所有的問題都解決了嗎？其實有的時候，用函數圖形來觀察函數的不連續點會更簡易清晰喔！

 例 題 *2-14*　以圖形來找出不連續點！

以下三個圖形在 $x=c$ 處是否連續？

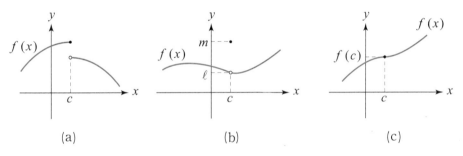

(a)　　　　　　　(b)　　　　　　　(c)

解　(a)圖連續嗎？當然不連續，在 $x=c$ 函數圖形已經很明顯斷成兩段啦！甚至 $\lim_{x \to c} f(x)$ 也不存在！因為 $\lim_{x \to c^+} f(x) \neq \lim_{x \to c^-} f(x)$。

(b)這個函數 $f(x)$ 在 $x=c$ 這點是有極限的

$$\lim_{x \to c^+} f(x) = \lim_{x \to c^-} f(x)$$

但 $f(x)$ 在 $x=c$ 不連續！因為 $f(c)$ 值是那個實心點的 y 坐標 m，而 $\lim_{x \to c} f(x)$ 則是趨近值 ℓ。

(c)函數 $f(x)$ 在 $x=c$ 連續，而且 $\lim_{x \to c} f(x) = f(c)$。

習題 2-3

1. 求下列各無窮極限的值：

(a) $\lim\limits_{x\to\infty} \dfrac{1}{x+2}$

(b) $\lim\limits_{x\to\infty} \dfrac{3x+8}{x^2-2}$

(c) $\lim\limits_{x\to\infty} \dfrac{-5x^3-7.2x^2-25x-1.3}{x^3+2.5x^2-3.8x+1.2}$

(d) $\lim\limits_{x\to\infty} \dfrac{\sqrt{3}x+5}{5x-3}$

(e) $\lim\limits_{x\to\infty} \sqrt[5]{\dfrac{32x-31}{x+2}}$

(f) $\lim\limits_{x\to\infty} \dfrac{x+10}{\sqrt{2x^2-3x+5}}$

2. 請指出下列函數在那些點不連續？

(a) $5.1x^2+8.5x-7.3$

(b) $(x-3)(x+2)$

(c) $|x+5|$

(d) $\sqrt{x-2},\ x\geq 2$

(e) $\dfrac{2x-3}{x^2+x+1}$

(f) $\dfrac{x-3}{(x+1)(x-2)}$

(g) $\dfrac{(x+3)(x-5)}{(x-5)(x-2)}$

(h) $\dfrac{x^2-4x-5}{x^2-2x-3}$

3. 請問以下函數在 $x=1$ 連續嗎？

(a) $\begin{cases} \dfrac{x^2-1}{x-1} & \text{當 } x\neq 1 \\[2mm] 3 & \text{當 } x=1 \end{cases}$

(b) $\begin{cases} \dfrac{x^2-1}{x-1} & \text{當 } x\neq 1 \\[2mm] 2 & \text{當 } x=1 \end{cases}$

3 登堂入室 導函數

學習興奮度：★★★
學習困難度：★★★
研究所考題集中度：★★★★

開場白

廣炒公司的主力產品是 TFT-LCD 面板，雖然說現在 TFT-LCD 的市場是供不應求的狀態，然而機警的財務長已經注意到一個令人憂心的現象，那就是競爭者已經開始進入了這個市場。隨著競爭者新一代的廠房開始投入生產，由於「大者恆大」的黃金定律，廣炒公司勢必也要募集新的資金進行新一代廠房的擴建。隨著產能的激增，廣炒公司的營收也會成長，然而營收的成長率真的會隨著出貨量的增加而成等比例的成長嗎？

不對，不對！財務長很清楚，隨著市場上面板供給量的增加，面板的價格絕對沒有辦法繼續維持這麼高檔的水準，甚至會逐步的下滑。因此每增加一百萬片的面板產量所隨之增加的營收，一定會逐步的減少的。這是經濟學裡有名的「邊際遞減法則」，不論是邊際營收、邊際成本，甚至是邊際利益，在面板產量位於某一些水平時，都是符合邊際遞減這個法則的。廣炒公司一定要特別小心，不能一味的只會增加面板產量，因為隨之產生的利益減少還不打緊，要是邊際利益為負值的情況發生那就糟了。每多生產一單位的面板，公司反而還隨之賠錢的話，那真叫做作白工了！我看這個財務長也不用幹下去了！

所謂的「邊際」既然是每增加一單位供給量而隨之增加的（營收、利益），這可好了，我們該用什麼方法來衡量邊際利益呢？最好的方法就是利用導函數的觀念！欲知詳情，請好好的研讀這一章吧！

3-1　再探斜率的觀念

嗯，我們已經開始進入微積分的核心課程了！從一開始就要灌輸給各位同學的觀念是：微積分與其他數學領域最大的不同點在哪裡？記得從前各位所學過的「代數」嗎？這個領域所探討的，是從方程式中找出變數的「解」，那是一種靜態的方式。微積分所探討的，則是一個變數的變動如何影響其他的變數，是動態的方式，既然是變數與變數之間相互變動的關係，現在我們就先從「變化率」(rate of change) 談起。

變化率

讓我們先定義「變化率」這個名詞。所謂變化率，就是當 x 值變動時與函數值 $f(x)$ 的變動的比值。當 x 值從 a 變到 $a+h$ 時，函數值也應該從 $f(a)$ 變到 $f(a+h)$，所以變化率的定義是：

定義 3-1　平均變化率

若函數 $y = f(x)$，則 $x = a$ 到 $x = a+h$ 的平均變化率為

$$\frac{f(a+h) - f(a)}{(a+h) - a} = \frac{f(a+h) - f(a)}{h}, h \neq 0$$

留意到了嗎？如果 $x_1 = a_1, x_2 = a+h$，則平均變化率的公式，剛好等於通過函數上兩點 $(a, f(a))$ 與 $(a+h, f(a+h))$ 的直線之斜率。這條通過函數兩點的直線，我們稱它做函數的正割線 (secant line)（圖 3-1）。

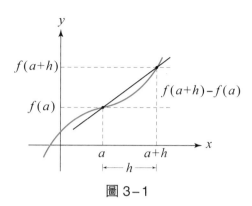

圖 3-1

例 題 3-1 平均獲利

夏至塑膠發現 PVC 售價調降可增加銷售總量，但當售價調降太多，則總獲利卻會減少。已知總獲利與售價呈現一種函數關係：

$$f(x) = -5 + 6x - x^2$$

其中 x：PVC 售價，百元／公噸；$f(x)$：總獲利，仟萬元。則

(a)當 PVC 價格為每公噸 200 元時，夏至塑膠的總獲利為多少元？

(b)當 PVC 價格為每公噸 300 元時，夏至塑膠的總獲利為多少元？

(c)當 PVC 價格從每公噸 300 元調降到 200 元時，總獲利的平均變化率為何？

解 (a)這是最簡單的函數求值問題，PVC 價格每公噸 200 元，代表 $x = 2$

$$f(2) = -5 + 6(2) - (2)^2 = -5 + 12 - 4 = 3 \text{（仟萬元）}$$

(b)做法跟(a)完全一樣，這裡 $x = 3$

$$f(3) = -5 + 6(3) - (3)^2 = -5 + 18 - 9 = 4 \text{（仟萬元）}$$

(c)x 從 2 到 3，也就是說 $h = 1$

$$\text{平均變化率} = \frac{f(2+1) - f(2)}{(2+1) - 2} = \frac{4-3}{1} = 1 \text{（仟萬元）}$$

當 PVC 價格從 300 元調降到 200 元時，總獲利的平均變化率為 $-1,000$ 萬元。

練功時間

函數 $f(x) = x^3 - 2x^2 + 5x - 3$

(a)當 x 從 1 變化到 3，則 $f(x)$ 的平均變化率為何？

(b)當 x 從 1 變化到 2，則 $f(x)$ 的平均變化率為何？

(c)當 x 從 1 變化到 1.1，則 $f(x)$ 的平均變化率為何？

(d)當 x 從 1 變化到 1.001，則 $f(x)$ 的平均變化率為何？

在剛剛的「練功時間」，你發現了什麼有趣的現象？當 x 變動得越小，也就是當 h 越來越小的時候，$f(x)$ 的平均變化率會有什麼樣的情況發生？當 h 很接近 0 時，我們的平均變化率可以寫成

$$\lim_{h \to 0} \frac{f(a+h) - f(a)}{h}$$

這個現象要怎麼用函數圖形來看呢？圖 3-2(a)所顯示的，是 $f(x)$ 的正割線及它的斜率。當 h 接近 0，也就是代表正割線與 $f(x)$ 所相交的兩點越來越接近接近……接近到近得不能再近，近到我們可以說兩點重合在一起了（圖 3-2(b)）；換句話說，這條直線與函數 $f(x)$ 只切到一點 $(a, f(a))$，而這條直線就叫做函數 $f(x)$ 在 $x = a$ 的切線，而它的變化率 $\lim_{h \to 0} \dfrac{f(a+h) - f(a)}{h}$ 稱做 $f(x)$ 在 $x = a$ 的瞬間變化率，又稱做 $f(x)$ 在 $x = a$ 的切線斜率 (slope of the tangent line)。

定義 3-2　函數的切線斜率

已知函數 $y = f(x)$，則在函數上的點 $(a, f(a))$ 的切線斜率是

$$\lim_{h \to 0} \frac{f(a+h) - f(a)}{h}$$

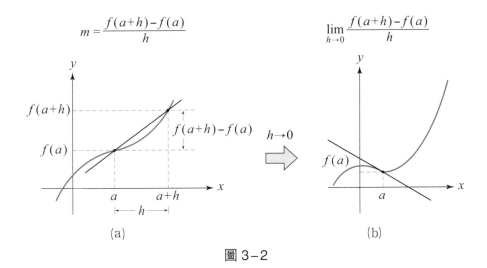

$$m = \frac{f(a+h)-f(a)}{h}$$

$$\lim_{h \to 0} \frac{f(a+h)-f(a)}{h}$$

$f(a+h)$

$f(a)$

$f(a+h)-f(a)$

$h \to 0$

$f(a)$

a $a+h$

h

(a)

(b)

圖 3-2

現在就讓我們輕鬆的練習一下如何求出切線斜率。

例 題 3-2   最基礎的切線斜率

請找出下列函數的切線斜率:

(a) $f(x) = 5$ 在點 $(3, 5)$ 之切線斜率。

(b) $f(x) = 2x - 3$ 在點 $(0, -3)$ 之切線斜率。

解 (a) 依照定義，$a = 3$

$$\lim_{h \to 0} \frac{f(a+h)-f(a)}{h} = \lim_{h \to 0} \frac{f(3+h)-f(3)}{h}$$

$$= \lim_{h \to 0} \frac{5-5}{h} = \lim_{h \to 0} \frac{0}{h} = 0$$

(b) $$\lim_{h \to 0} \frac{f(a+h)-f(a)}{h} = \lim_{h \to 0} \frac{f(0+h)-f(0)}{h}$$

$$= \lim_{h \to 0} \frac{[2(h)-3]-[2(0)-3]}{h}$$

$$= \lim_{h \to 0} \frac{2h-3+3}{h} = \lim_{h \to 0} \frac{2h}{h} = \lim_{h \to 0} 2 = 2$$

練 功 時 間

1. 函數 $f(x) = -3$，求這個函數上以下各點之斜率：

(a) $(-10, -3)$　　(b) $(15, -3)$

2. 同第一題，函數 $f(x) = -3x + 8$，求此函數上以下各點之斜率：

(a) $(1, 5)$　　(b) $(-2, 14)$

即 席 思 考

既然切線斜率是由一個公式的極限值所求得，那麼請想一想，在哪些情況下，切線斜率是不存在的？

(也就是說，在什麼樣的情況之下 $\lim\limits_{h \to 0} \dfrac{f(a+h) - f(a)}{h}$ 不存在?)

習 題 3-1

1. 已知函數 $f(x) = 2x^2 + 1$，則

　(a)當 x 值從 0 變到 3，其平均變化率為何？

　(b)當 x 值從 -2 變到 1，其平均變化率為何？

2. 請試著完成下面這個表：

h	-1	-0.1	-0.001	0	0.001	0.1	1
$\dfrac{f(a+h)-f(a)}{h}$							

　$f(x) = 2x^2 + 5$　(a) $a = 1$　(b) $a = -1$　(c) $a = 3$

3. (a) $f(x) = 2$，則該函數在 $x = 0$ 與 $x = 5$ 的斜率分別是多少？

　(b) $f(x) = 4x + 5$，則該函數在 $x = 0$ 與 $x = 5$ 的斜率分別是多少？

4. 總成本增加率

　丹丹漢堡大社店的店長發現，每個月店裡的營業成本分為固定成本與浮動成本兩種。固定成本每個月約為 30,000 元，浮動成本則是每個漢堡 15 元，則：

　(a)大社店一個月的總成本函數為何？

　(b)漢堡每月銷售額從 1,000 個增加到 1,500 個，大社店總成本的平均變化率為何？

　(c)當漢堡每月銷售額分別為 2,000 個、3,000 個與 4,000 個時，總成本的瞬時變化率為何？

3-2　正式跨入導函數的領域

很高興你已經順利讀完了 3-1，其實當你融會貫通 3-1 節的內容時，你在這一節的工作已經完成一半了。怎麼說呢? 因為 3-1 節重覆提到的極限值 $\lim\limits_{h \to 0}\dfrac{f(a+h)-f(a)}{h}$ 正是函數 $f(x)$ 在 $x=a$ 的導函數 (derivative)，而這個推導導函數的過程就叫做微分 (differentiation)。

定義 3-3　導函數

有一函數 $y=f(x)$，則 $f(x)$ 在 x 的導函數記為 $f'(x)$，而它的定義是

$$f'(x)=\lim_{h \to 0}\frac{f(x+h)-f(x)}{h} \quad \text{(當然前提是這個極限是存在!)}$$

當 $f'(x)$ 在開區間 (a,b) 的每一個數字 x 都存在，我們稱為 $f(x)$ 在區間 (a,b) 是可微分的 (differentiable)。

導函數可以應用到非常非常廣闊的領域，在這裡我們只列舉幾個就很夠瞧的了:

⒜函數圖形的切線斜率。

⒝物理學的瞬時速度與瞬時加速度。

⒞經濟學的邊際成本、邊際效益。

⒟函數的極大值、極小值。

你一定會很好奇，一個小小的極限怎麼會跟這麼多東西扯在一起? 別急，我們會在之後慢慢的解釋給你聽。好，在上一節我們已經討論過 $f(x)$ 是常數與直線函數的情況下，導函數是怎麼算出來的。現在我們就鼓起勇氣，往更難的導函數挑戰吧!

例 題 *3-3* 尋求導函數 ··

請找出下列函數的導函數：

(a) $f(x) = x^2 - 1$ (b) $f(x) = \dfrac{1}{x}$ (c) $f(x) = \sqrt{x} + 1$

解 (a)這一題比較簡單，只是計算上比之前的例題繁瑣一點

$$f'(x) = \lim_{h \to 0} \frac{f(x+h) - f(x)}{h} = \lim_{h \to 0} \frac{[(x+h)^2 - 1] - [x^2 - 1]}{h}$$

$$= \lim_{h \to 0} \frac{x^2 + 2hx + h^2 - 1 - x^2 + 1}{h} = \lim_{h \to 0} \frac{h^2 + 2hx}{h}$$

$$= \lim_{h \to 0} (h + 2x) = \lim_{h \to 0} h + \lim_{h \to 0} 2x$$

$$= 2x$$

(b) $f(x) = \dfrac{1}{x}$ 也是應用導函數的定義就可以了

$$f'(x) = \lim_{h \to 0} \frac{f(x+h) - f(x)}{h} = \lim_{h \to 0} \frac{\dfrac{1}{x+h} - \dfrac{1}{x}}{h}$$

$$= \lim_{h \to 0} \frac{\dfrac{x - (x+h)}{x(x+h)}}{h} = \lim_{h \to 0} \frac{\dfrac{-h}{x(x+h)}}{h}$$

$$= \lim_{h \to 0} \frac{-1}{x(x+h)} = \frac{-1}{x(x)} = \frac{-1}{x^2}$$

(c)如果以導函數的定義

$$\lim_{h \to 0} \frac{f(x+h) - f(x)}{h} = \lim_{h \to 0} \frac{\sqrt{x+h} + 1 - (\sqrt{x} + 1)}{h}$$

$$= \lim_{h \to 0} \frac{\sqrt{x+h} - \sqrt{x}}{h}$$

到這裡恐怕就沒有任何進展了，把 $h = 0$ 代進去則會得到 $\dfrac{0}{0}$ 的結果，怎麼辦？這也是我們特別舉這個例題的目的：與根式有關的極限問題的解法，一般都牽涉到「有理化」的步驟。

本題極限式的根式在分子，所以我們就將分子有理化

$$\frac{\sqrt{x+h}-\sqrt{x}}{h}=\frac{\sqrt{x+h}-\sqrt{x}}{h}\times\frac{\sqrt{x+h}+\sqrt{x}}{\sqrt{x+h}+\sqrt{x}}$$

$$=\frac{(\sqrt{x+h})^2-(\sqrt{x})^2}{h(\sqrt{x+h}+\sqrt{x})}=\frac{x+h-x}{h(\sqrt{x+h}+\sqrt{x})}$$

$$=\frac{h}{h(\sqrt{x+h}+\sqrt{x})}=\frac{1}{\sqrt{x+h}+\sqrt{x}}$$

我們經過有理化的程序之後，就可以發現這個極限有答案了：

$$\lim_{h\to 0}\frac{\sqrt{x+h}-\sqrt{x}}{h}=\lim_{h\to 0}\frac{1}{\sqrt{x+h}+\sqrt{x}}$$

$$=\frac{1}{\sqrt{x+0}+\sqrt{x}}$$

$$=\frac{1}{2\sqrt{x}}$$

練功時間

請找出下列函數的導函數 $f'(x)$：

(a) $f(x)=2x^2+3x-1$ (b) $f(x)=\dfrac{1}{x+3}$ (c) $f(x)=x-\sqrt{x}$

即席思考

如果函數 $y=f(x)$ 的導函數 $f'(a)=\lim\limits_{h\to 0}\dfrac{f(a+h)-f(x)}{h}$ 不存在，則 $f(x)$ 在 $x=a$ 不可微分。請問你找得出任何不可微分的例子嗎？

導函數的另一種表示法

下面的這個極限式也是導函數的定義，也就是說，使用以下的極限式來作，你會求得完全一模一樣的導函數！

定義 3-4　導函數的另一種表示法

函數 $y = f(x)$ 在 $x = a$ 的導函數為

$$f'(a) = \lim_{x \to a} \frac{f(x) - f(a)}{x - a}$$

為什麼我們這麼多事，又寫出這個表示法呢? 因為「某些」函數的導函數利用這種表示法來做，的確是比較容易的。

例題 3-4　導函數的另一種表示法

請找出 $f(x) = \dfrac{1}{x + 1}$ 在 $x = a$ 的導函數 $f'(a)$。

解　這次我們所使用的是導函數的另一種求法

$$f'(x) = \lim_{x \to a} \frac{f(x) - f(a)}{x - a} = \lim_{x \to a} \frac{\dfrac{1}{x + 1} - \dfrac{1}{a + 1}}{x - a}$$

$$= \lim_{x \to a} \frac{\dfrac{(a + 1) - (x + 1)}{(x + 1)(a + 1)}}{x - a} = \lim_{x \to a} \frac{\dfrac{-(x - a)}{(x + 1)(a + 1)}}{x - a}$$

$$= \lim_{x \to a} \frac{-1}{(x + 1)(a + 1)} = \frac{-1}{(a + 1)(a + 1)} = \frac{-1}{(a + 1)^2}$$

練功時間

請再為例題 3-3 練功時間所有的函數再找一次導函數 $f'(x)$ 於 $x = a$，看看是不是得到一樣的答案!

習 題 3-2

1. 請求出下列函數的導函數：

(a) $f(x) = 3x + 4$

(b) $f(x) = -3$

(c) $g(x) = 2x^2 - 3x + 1$

(d) $s(x) = \dfrac{1}{2x + 5}$

(e) $r(x) = \sqrt{x + 2}$

(f) $m(x) = -x^2 + 3x - 1$

(g) $n(x) = x^3$

(h) $h(x) = \dfrac{x + 1}{x - 1}$

(i) $H(x) = \alpha x + \beta$

(j) $M(x) = \dfrac{1}{x^2 + 5}$

2. 請問以下函數圖形在 x 值是多少時是不可微分的？

(a)

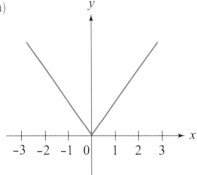

(b)

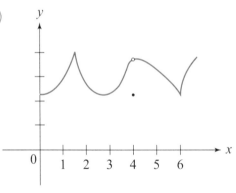

3-3　入門導函數運算

「原來微分並沒有想像中那麼難嘛!」當你做完上一節的練習之後，也許已經開始沾沾自喜了起來。其實微分真的是比我們想像中容易，但也先別那麼得意忘形，到目前為止我們所遭遇到的都只是小嘍囉，接下來大魔王即將登場，想要制服它們，就得要藉助以後這兩節的魔法武器了!

不信? 現在請你試試看下面的例子:

$$請找出 f(x) = x^{30} \text{ 的導函數 } f'(x)$$

想要使出你剛剛學到的「一百零二式」嗎? 可以，要是你真的使用導函數的定義找出正確的解答，你所看到的將是

$$f'(x) = \lim_{h \to 0} \frac{f(x+h) - f(x)}{h} = \lim_{h \to 0} \frac{(x+h)^{30} - x^{30}}{h} \text{ !!!}$$

別告訴我你的幼小心靈受到了嚴重的打擊……當你走出這一節的學習之後，你會發現，其實這也是輕而易舉的!

在正式開始說明導函數眾定理之前，我們想先花一點時間跟各位介紹一下導函數的記法。除了跟我們已經是老朋友的 $f'(x)$ 之外，在慣例上還有其他幾種常見的記法，以後遇見了它們也要把它們視做導函數，知道了嗎?

📖 定義 3-5　導函數的記法

已知函數 $y = f(x)$，則

$$f'(x), \ y', \ \frac{dy}{dx}$$

都代表 f 在 x 的導函數。

 定理 3-1

若函數 $f(x) = k$，k 是一個常數，則對所有 x 值而言，$f'(x) = 0$，同時也可以寫成 $y' = 0$ 或 $\dfrac{dy}{dx} = 0$。

證明：$f'(x) = \lim_{h \to 0} \dfrac{f(x+h) - f(x)}{h} = \lim_{h \to 0} \dfrac{k - k}{h} = \lim_{h \to 0} 0 = 0$

很容易吧！

練功時間

請找出下列函數的導函數：

(a) $f(x) = 5$ 　　(b) $r(x) = \pi$ 　　(c) $s(x) = -\dfrac{329}{128}$

 定理 3-2

若函數 $y = f(x) = x^n$，且 n 是任何實數（不限定只有整數或是有理數喔！）則

$$f'(x) = nx^{n-1}$$

相信我！定理 3-2 絕對是你到目前為止所獲得的最強力的武器，很多使你夜夜未眠的困難問題將從此迎刃而解。

 例 題 3-5

請求出下列函數的導函數：

(a) $f(x) = x$ 　　　　(b) $f(x) = x^2$

(c) $g(x) = x^4$ 　　　(d) $h(x) = \sqrt{x}$

(e) $r(x) = \dfrac{1}{x}$ 　　　(f) $s(x) = \dfrac{1}{x^3}$

解 (a) $f(x) = x = x^1 \Rightarrow n = 1$　（任何數的零次方都等於 1!）

$\quad f'(x) = nx^{n-1}$　（定理 3-2）

$\quad\quad = 1 \cdot x^{1-1} = 1 \cdot x^0 = 1$

(b) $f(x) = x^2 \Rightarrow n = 2$

$\quad f'(x) = nx^{n-1}$　（定理 3-2）

$\quad\quad = 2x^{2-1} = 2x^1 = 2x$

(c) $g(x) = x^4 \Rightarrow n = 4$

$\quad f'(x) = nx^{n-1}$　（定理 3-2）

$\quad\quad = 4x^{4-1} = 4x^3$

(d) $h(x) = \sqrt{x} = x^{\frac{1}{2}} \Rightarrow n = \dfrac{1}{2}$

（還記得嗎？ $\sqrt{x} = x^{\frac{1}{2}}, \sqrt[3]{x} = x^{\frac{1}{3}}, \sqrt[4]{x^3} = x^{\frac{3}{4}}$……依此類推）

$\quad h'(x) = nx^{n-1}$　（定理 3-2）

$\quad\quad = (\dfrac{1}{2})x^{\frac{1}{2}-1} = \dfrac{1}{2}x^{-\frac{1}{2}} = \dfrac{1}{2}(\sqrt{x})^{-1}$

$\quad\quad = \dfrac{1}{2\sqrt{x}}$　（$a^{-1} = \dfrac{1}{a}, a^{-2} = \dfrac{1}{a^2}$，指數有負號就要變成倒數!）

(e) $r(x) = \dfrac{1}{x} = x^{-1} \Rightarrow n = -1$

$\quad r'(x) = nx^{n-1}$　（定理 3-2）

$\quad\quad = (-1)x^{-1-1} = (-1)x^{-2} = \dfrac{1}{x^2}$

(f) $s(x) = \dfrac{1}{x^3} = x^{-3} \Rightarrow n = -3$

$\quad s'(x) = nx^{n-1}$　（定理 3-2）

$\quad\quad = (-3)x^{-3-1} = (-3)x^{-4} = (-3)(\dfrac{1}{x^4})$

$\quad\quad = \dfrac{-3}{x^4}$

請找出下列函數的導函數：

(a) $f(x) = x^3$

(b) $g(x) = x^{30}$

(c) $h(x) = x^{100}$

(d) $i(x) = x^{\frac{3}{2}}$

(e) $m(x) = x^{\frac{1}{4}}$

(f) $n(x) = \dfrac{1}{x^5}$

(g) $p(x) = \dfrac{1}{\sqrt[4]{x^3}}$

定理 3-3

若 k 是一個常數，而 $f(x)$ 是一個可微分的函數，則假設 $F(x) = kf(x)$，

$$F'(x) = [kf(x)]' = kf'(x)$$

證明： $F(x) = kf(x)$

$$F'(x) = \lim_{h \to 0} \frac{F(x+h) - F(x)}{h} = \lim_{h \to 0} \frac{kf(x+h) - kf(x)}{h}$$

$$= \lim_{h \to 0} \frac{k[f(x+h) - f(x)]}{h} \quad \underset{\Rightarrow}{極限定理} \quad k \lim_{h \to 0} \frac{f(x+h) - f(x)}{h}$$

$$= kf'(x)$$

例 題 *3 - 6*

請找出以下函數的導函數：

(a) $f(x) = 7x^3$

(b) $g(x) = 5x^{20}$

(c) $h(x) = (\dfrac{4}{3})x^6$

(d) $r(x) = 5\sqrt[5]{x}$

解 (a) $f(x) = 7x^3 \Rightarrow k = 7$

$$f'(x) = 7\frac{d}{dx}(x^3) \quad （定理\ 3\text{–}3）$$

$$= 7(3x^{3-1}) \quad （定理\ 3\text{–}2）$$

$$= 21x^2$$

(b) $g(x) = 5x^{20} \Rightarrow k = 5$

$$g'(x) = 5\frac{d}{dx}(x^{20}) \quad （定理\ 3\text{–}3）$$

$$= 5(20x^{20-1}) \quad （定理\ 3\text{–}2）$$

$$= 100x^{19}$$

(c) $h(x) = (\frac{4}{3})x^6 \Rightarrow k = \frac{4}{3}$

$$h'(x) = (\frac{4}{3})\frac{d}{dx}(x^6) \quad （定理\ 3\text{–}3）$$

$$= (\frac{4}{3})(6x^{6-1}) \quad （定理\ 3\text{–}2）$$

$$= \frac{24}{3}x^5 = 8x^5$$

(d) $r(x) = 5x^{\frac{1}{5}} \Rightarrow k = 5$

$$r'(x) = (5)\frac{d}{dx}(x^{\frac{1}{5}}) \quad （定理\ 3\text{–}3）$$

$$= (5)(\frac{1}{5}x^{\frac{1}{5}-1}) \quad （定理\ 3\text{–}2）$$

$$= x^{-\frac{4}{5}} = \frac{1}{\sqrt[5]{x^4}}$$

練功時間

請找出下列函數的導函數：

(a) $2x^2$　　　　　　　　　　　(b) $7x^{100}$

(c) $\frac{4}{3}x^{\frac{3}{4}}$　　　　　　　　　　(d) $4x^{-5}$

接下來的這個定理，會幫助你在做導函數問題時，像加法、減法一樣簡單。沒錯！我們現在即將討論的，正是導函數加減法的定理。

兩個可微分函數相加所得函數的導函數，等於這兩個函數個別導函數的和。

同理：

兩個可微分函數相減所得函數的導函數，等於這兩個函數個別導函數的差。

 定理 3–4

若函數 $f(x) = u(x) \pm v(x)$，則
$$f'(x) = u'(x) \pm v'(x)$$

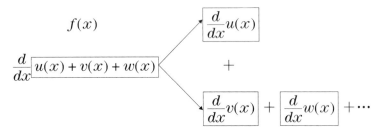

這個定理的證明相當直接，就留給你當作作業！這個定理把一個函數裡所有用加減連接起來的「零件」，拆開來個別微分之後，又把它們裝回去了！

 例 題 3–7

請找出下列函數的導函數：

(a) $f(x) = x^3 + x$

(b) $g(x) = 3x^{20} - 2x^{10} + 5$

(c) $h(x) = \dfrac{1}{x} + x$

(d) $m(x) = \dfrac{1}{x^3} - \sqrt[3]{x^2} + \dfrac{1}{\sqrt[4]{x^3}}$

解　(a) $f'(x) = \dfrac{d}{dx}(x^3) + \dfrac{d}{dx}(x)$　　（定理 3–4）

$$= 3x^2 + 1 \quad （定理\ 3\text{–}2）$$

(b) $g'(x) = \dfrac{d}{dx}(3x^{20}) - \dfrac{d}{dx}(2x^{10}) + \dfrac{d}{dx}(5) \quad （定理\ 3\text{–}4）$

$\qquad = (3)(\dfrac{d}{dx}x^{20}) - (2)(\dfrac{d}{dx}x^{10}) + 0 \quad （定理\ 3\text{–}3、3\text{–}1）$

$\qquad = (3)(20x^{20-1}) - (2)(10x^{10-1}) \quad （定理\ 3\text{–}2）$

$\qquad = 60x^{19} - 20x^{9}$

(c) $h(x) = \dfrac{1}{x} + x = x^{-1} + x$

$\quad h'(x) = \dfrac{d}{dx}(x^{-1} + x^{1}) = \dfrac{d}{dx}(x^{-1}) + \dfrac{d}{dx}(x^{1}) \quad （定理\ 3\text{–}4）$

$\qquad = (-1)(x^{-1-1}) + (1)(x^{1-1}) \quad （定理\ 3\text{–}2）$

$\qquad = (-1)(x^{-2}) + (1)(x^{0}) = \dfrac{-1}{x^2} + 1$

(d) $m(x) = \dfrac{1}{x^3} - \sqrt[3]{x^2} + \dfrac{1}{\sqrt[4]{x^3}} = x^{-3} - x^{\frac{2}{3}} + x^{\frac{-3}{4}}$

$\quad m'(x) = \dfrac{d}{dx}(x^{-3} - x^{\frac{2}{3}} + x^{\frac{-3}{4}})$

$\qquad = \dfrac{d}{dx}(x^{-3}) - \dfrac{d}{dx}(x^{\frac{2}{3}}) + \dfrac{d}{dx}(x^{\frac{-3}{4}}) \quad （定理\ 3\text{–}4）$

$\qquad = -3x^{-3-1} - (\dfrac{2}{3})x^{\frac{2}{3}-1} + (-\dfrac{3}{4})(x^{\frac{-3}{4}-1}) \quad （定理\ 3\text{–}2）$

$\qquad = -3x^{-4} - \dfrac{2}{3}x^{\frac{-1}{3}} - \dfrac{3}{4}x^{\frac{-7}{4}}$

$\qquad = \dfrac{-3}{x^4} - \dfrac{2}{3\sqrt[3]{x}} - \dfrac{3}{4\sqrt[4]{x^7}}$

練 功 時 間

請找出下列函數的導函數：

(a) $f(x) = x^2 + 5$

(b) $g(x) = 2x^6 - 5x^4 + 8x^2$

(c) $h(x) = x^3 - \dfrac{1}{x^2}$

(d) $m(x) = 5x^{\pi} + 2x^{\sqrt{3}}$

一下子灌進了這麼多的知識，是不是有點消化不良的感覺呢？你有沒有發現，我們剛剛所教給你們的定理，目的都是一致的，那就是「把一個看似複雜的函數拆開成為方便微分的小區塊，等你對各個小區塊做完微分之後再組合回去。這是微分的重點！當你遇到複雜的微分問題，如果能將它拆解得愈仔細來微分，解題成功率也就愈高！」

 即 席 思 考

該你上場啦！可否請你幫我證明定理 3-4 呢？

緊接著要傳授你的是「導函數的乘法律與除法律」：

定理 3-5　導函數的乘法律

> 若兩個函數 $u(x)$ 與 $v(x)$ 相乘而得到新的函數 $f(x)$，則
>
> $$f'(x) = \frac{d}{dx}f(x) = u(x) \cdot \left(\frac{d}{dx}v(x)\right) + \left(\frac{d}{dx}u(x)\right) \cdot v(x)$$

乘法律其實很好記也很好用。不論幾個函數相乘都是類似的做法。

乘法律應用步驟：

1. 先找出你要微分的函數 $f(x)$ 是由幾個子函數相乘而得，假設是 m 個如 $f(x) = r(x) \cdot s(x) \cdot h(x) \cdot g(x)$ 有 4 個子函數相乘，$m = 4$。

2. 將 $f(x)$ 以子函數相乘的形式寫出來，重覆寫 m 次，每項用加號串連起來，如：

$$r(x)s(x)h(x)g(x) + r(x)s(x)h(x)g(x) + r(x)s(x)h(x)g(x)$$
$$+ r(x)s(x)h(x)g(x)$$

重覆 $rshg$ 4 次，用 " + " 相串連

3. 依照順序，在每一項子函數乘積中選一個子函數加上微分符號，如：

$$r'(x)s(x)h(x)g(x) + r(x)s'(x)h(x)g(x) + r(x)s(x)h'(x)g(x)$$
$$+ r(x)s(x)h(x)g'(x)$$

第一項取第一個　　第二項取第二個
子函數 $r(x)$ 加上　　子函數 $s(x)$ 加上　　……依此類推
微分符號　　　　　　微分符號

4. 這就是 $f'(x)$ 的結果。

若 $f(x) = r(x)s(x)t(x)$，則依照剛才的法則
$$f'(x) = r'(x)s(x)t(x) + r(x)s'(x)t(x) + r(x)s(x)t'(x)$$
請利用定理 3–5 證明！

 例 題 *3–8*

請找出下列函數的導函數：

(a) $f(x) = 2x(x-1)$ (b) $f(x) = 3x^2(7x-2)$

(c) $f(x) = (2x+3)(x^2-2x+1)$ (d) $(x+1)(\sqrt{x}-1)(2x+3)$

解 (a) $f(x) = \boxed{2x}\,\boxed{(x-1)} = u(x)v(x)$
　　　　　$u(x)$　$v(x)$

（你如果要分成 $f(x) = u(x)\,v(x)\,r(x) = \boxed{2}\,\boxed{x}\,\boxed{(x-1)}$ 也可以，答案

還是會一樣）

$f'(x) = u'(x)v(x) + u(x)v'(x)$

$\quad = [\dfrac{d}{dx}(2x)](x-1) + (2x)[\dfrac{d}{dx}(x-1)]$ 　（定理 3–5）

$\quad = (2)(x-1) + (2x)(1-0)$ 　（定理 3–2、3–4）

$\quad = 2x - 2 + 2x = 4x - 2$

(b) $f(x) = \boxed{3x^2}\,\boxed{(7x-2)} = u(x)v(x)$
　　　　　$u(x)$　　$v(x)$

$$f'(x) = u'(x)v(x) + u(x)v'(x)$$

$$= [\frac{d}{dx}(3x^2)](7x-2) + (3x^2)[\frac{d}{dx}(7x-2)] \quad （定理 3-5）$$

$$= [(2)(3x)](7x-2) + (3x^2)[7-0] \quad （定理 3-2、3-4）$$

$$= (6x)(7x-2) + (3x^2)(7)$$

$$= 42x^2 - 12x + 21x^2$$

$$= 63x^2 - 12x$$

(c) $f(x) = \underbrace{(2x+3)}_{u(x)}\underbrace{(x^2-2x+1)}_{v(x)} = u(x)v(x)$

$$f'(x) = [\frac{d}{dx}(2x+3)](x^2-2x+1) + (2x+3)[\frac{d}{dx}(x^2-2x+1)]$$

$$（定理 3-5）$$

$$= (2+0)(x^2-2x+1) + (2x+3)(2x^{2-1}-2+0)$$

$$（定理 3-2、3-4）$$

$$= 2(x^2-2x+1) + (2x+3)(2x-2)$$

$$= 2x^2 - 4x + 2 + 4x^2 + 2x - 6$$

$$= 6x^2 - 2x - 4$$

(d) $f(x) = \underbrace{(x+1)}_{u(x)}\underbrace{(\sqrt{x}-1)}_{v(x)}\underbrace{(2x+3)}_{w(x)} = u(x)v(x)w(x)$

$$f'(x) = u'vw + uv'w + uvw' \quad （定理 3-5）$$

$$= [\frac{d}{dx}(x+1)](\sqrt{x}-1)(2x+3) + (x+1)[\frac{d}{dx}(\sqrt{x}-1)](2x+3)$$

$$+ (x+1)(\sqrt{x}-1)[\frac{d}{dx}(2x+3)]$$

$$= (1+0)(\sqrt{x}-1)(2x+3) + (x+1)(\frac{1}{2}x^{\frac{1}{2}-1}-0)(2x+3)$$

$$+ (x+1)(\sqrt{x}-1)(2+0) \quad （定理 3-2、3-4）$$

$$= (\sqrt{x}-1)(2x+3) + \frac{1}{2}(x+1)(\frac{1}{\sqrt{x}})(2x+3) + 2(x+1)(\sqrt{x}-1)$$

找出下列函數的導函數：

(a) $f(x) = (3x + 5)(x - 100)$

(b) $f(x) = (x^3 + 5x^2 - 7x + 1)(x^2 - 5x + 3)$

(c) $g(x) = (\dfrac{1}{x} + x)(x - \dfrac{1}{x})$

(d) $g(x) = (x + 2)(2x^2 - x + 1)(3x^3 + 2x^2 + x + 1)$

　　終於撐到這一節最後的部分了！恭喜你，當你再咬牙完成最後的這一個定理之後，你的微分學已經走完一大半了！雖然下一節還有一個很重要的連鎖律等待著你的探索，但是，純熟的做完這一節的所有習題，你將會發現下一節的內容並不會很困難！那我們現在就來討論最後一個定理，不用想也知道，乘法定理之後接下來一定是除法定理！

定理 3-6　導函數的除法律

若函數 $f(x)$ 是由兩個可微分函數 $u(x)$ 與 $v(x)$ 相除所組成，即

$$f(x) = \frac{v(x)}{u(x)}, \quad 則$$

$$f'(x) = \frac{d}{dx}(\frac{v(x)}{u(x)}) = \frac{u(x)v'(x) - u'(x)v(x)}{u^2(x)}$$

　　這個定理的證明比較迂迴，因此在這裡不做討論，留給有志做名偵探柯南的你來探討。

　　提示：在證明途中你必須插入" $+f(x)g(x) - f(x)g(x)$ "項。

例 題 *3 - 9*

請找出下列函數的導函數：

(a) $\dfrac{1}{x}$　　(b) $\dfrac{2}{x+5}$　　(c) $\dfrac{3x+1}{x^2-3x+1}$

解　(a) $f(x)=\dfrac{1}{x}=x^{-1}$ 不是嗎？那麼利用定理 3–2 不就得了嗎？

　　　對，你很聰明。我們舉這個例子只是告訴你，條條大路通羅馬！

$$f(x)=\frac{1}{x}=\frac{v(x)}{u(x)}\qquad u(x)=x,\,v(x)=1$$

$$f'(x)=\frac{u(x)v'(x)-u'(x)v(x)}{u^2(x)}$$

$$=\frac{x\dfrac{d}{dx}(1)-[\dfrac{d}{dx}(x)](1)}{(x)^2}\qquad(\text{定理 3–6})$$

$$=\frac{x\cdot0-(1)(1)}{x^2}=\frac{0-1}{x^2}=\frac{-1}{x^2}$$

(b) $f(x)=\dfrac{2}{x+5}=\dfrac{v(x)}{u(x)}\qquad u(x)=(x+5),\,v(x)=2$

$$f'(x)=\frac{u(x)v'(x)-u'(x)v(x)}{u^2(x)}$$

$$=\frac{(x+5)\dfrac{d}{dx}(2)-[\dfrac{d}{dx}(x+5)](2)}{(x+5)^2}\qquad(\text{定理 3–6})$$

$$=\frac{(x+5)(0)-(1+0)(2)}{(x+5)^2}\qquad(\text{定理 3–1、3–2、3–4})$$

$$=\frac{0-2}{(x+5)^2}=\frac{-2}{(x+5)^2}$$

(c) $f(x)=\dfrac{3x+1}{x^2-3x+1}=\dfrac{v(x)}{u(x)}\qquad u(x)=x^2-3x+1,\,v(x)=3x+1$

$$f'(x)=\frac{u(x)v'(x)-u'(x)v(x)}{u^2(x)}\qquad(\text{定理 3–6})$$

$$= \frac{(x^2 - 3x + 1)[\frac{d}{dx}(3x + 1)] - [\frac{d}{dx}(x^2 - 3x + 1)](3x + 1)}{(x^2 - 3x + 1)^2}$$

$$= \frac{(x^2 - 3x + 1)(3 + 0) - (2x - 3 + 0)(3x + 1)}{(x^2 - 3x + 1)^2}$$

（定理 3–1、3–2、3–3、3–4）

$$= \frac{3(x^2 - 3x + 1) - (3x + 1)(2x - 3)}{(x^2 - 3x + 1)^2}$$

$$= \frac{-3x^2 - 2x + 6}{(x^2 - 3x + 1)^2}$$

🀄 練 功 時 間

這是本節最後一次的練功時間啦！請找出下列函數的導函數：

(a) $f(x) = \dfrac{1}{x^2}$ (b) $g(x) = \dfrac{x - 1}{x + 3}$ (c) $h(x) = \dfrac{x^2 + x + 1}{x^3 + x^2 + x + 1}$

習 題 3-3

1. 請找出下列函數的導函數:

(a) $y = 5$

(b) $y = 2x$

(c) $y = 3x^2$

(d) $y = \sqrt{3x^4}$

(e) $y = \pi x^2 - 5x + 1$

(f) $y = x^{30} - \dfrac{1}{4}x^{28} - \dfrac{1}{9}x^{27}$

(g) $y = x^4 + 2x^2 + 4x$

(h) $y = (x + 2)(2x - 3)$

(i) $(2x^2 - 1)(5x + 3)$

(j) $y = (x^2 + x - 2)(x^3 - 2x^2 + 3x - 1)$

(k) $y = (2x + 1)^2$

(l) $y = (2x + 1)^3$

(m) $y = \dfrac{1}{2x - 1}$

(n) $y = \dfrac{2x^2 + 5}{3x + 2}$

(o) $y = \dfrac{x^2 - x + 2}{2x^2 + x - 1}$

(p) $y = \dfrac{1}{(2x + 3)^2}$

2. 若 $f(1) = 3, f'(1) = -1, g(1) = 5, g'(1) = 2$,則:

(a) $\dfrac{d}{dx}[f(x) + g(x)]$ 在 $x = 1$ 的值。

(b) $\dfrac{d}{dx}[f(x) - g(x)]$ 在 $x = 1$ 的值。

(c) $\dfrac{d}{dx}[f(x) \cdot g(x)]$ 在 $x = 1$ 的值。

(d) $\dfrac{d}{dx}[\dfrac{g(x)}{f(x)}]$ 在 $x = 1$ 的值。

3. 請找出下列函數的切線斜率:

(a) $f(x) = 2x + 3$ 於 $x = 2$

(b) $f(x) = (3x - 4)(2x^2 - 8x + 1)$ 於 $x = 1$

(c) $f(x) = 4x^5 + 6x^4 + x^3 - 8x^2 - 6x - 4$ 於 $x = 0$

(d) $f(x) = \dfrac{x + 3}{x - 5}$ 於 $x = -2$

4.請找出通過以下各函數切點的切線方程式:

(a) $f(x) = x^2 + 1$ 於點 $(1, 2)$

(b) $f(x) = 4x^3 - 2x^2 + x + 5$ 於點 $(-1, -2)$

(c) $f(x) = x + \dfrac{1}{x}$ 於點 $(2, 2\frac{1}{2})$

(d) $f(x) = \dfrac{x-1}{x^2 + 2x + 3}$ 於點 $(1, 0)$

5.邊際成本

已知友通光電製造 17 吋 TFT-LCD 面板的總成本函數是

$$c(x) = 650x - 10x^2 + 0.2x^3 \qquad 0 \le x \le 100$$

(a)請問製造第 a 塊面板時的邊際成本是多少?(註:邊際成本定義是 $\dfrac{dc(x)}{dx}$)

(b)請問製造第 60 片面板所用的總成本是多少?

(c)請問製造第 60 片面板所用的邊際成本 $c'(60)$ 又是多少?

3-4　連鎖律

　　我們的微分學基本理論之旅即將在這裡告一個段落。在最後一節裡，我們會引導你學習一個相當簡單，但卻最具威力的微分法 —— 連鎖律 (chain rule)。

　　還記得第一章的後半部所學到的「合成函數」吧？我們把它拿出來複習一下：

　　假設 $f(x) = x^2$, $g(x) = 2x + 1$

　　則 $(f \circ g)(x) = f(g(x)) = f(2x + 1) = (2x + 1)^2$

　　如果有一個函數 $h(x) = f(g(x)) = (2x + 1)^2$，那麼 $\dfrac{d}{dx}h(x) = \dfrac{d}{dx}f(g(x))$ 又等於甚麼呢？讓我們猜一猜吧！

　　是不是將 $g(x)$ 當作一般的 x 來使用，所以

$$\frac{d}{dx}h(x) = \frac{d}{dx}f(g(x)) = \frac{d}{dx}(g(x))^2 = 2(g(x))^{2-1}$$
$$= 2g(x) = 2(2x + 1)$$
$$= 4x + 2 \quad (勇敢的嘗試，可惜不對。)$$

所以這就是你的答案囉？

　　為了保險起見，我們乖乖的以前面所學的導函數定理，按部就班來做的話，正確答案又是如何呢？

$$h(x) = f(g(x)) = f(2x + 1) = (2x + 1)^2 = 4x^2 + 4x + 1$$
$$\Rightarrow \frac{d}{dx}h(x) = \frac{d}{dx}(4x^2 + 4x + 1) = 8x + 4 \quad (這才是正確答案！)$$

　　所以合成函數的微分並沒有那麼直接，這也是連鎖律大顯身手的時候了！

定理 3-7　連鎖律

若函數 $h(x)$ 是由兩個可微分函數 $f(x)$ 與 $g(x)$ 所合成

$$h(x) = (f \circ g)(x) = f(g(x))$$

則 $h(x)$ 的導函數

$$h'(x) = \frac{dg(x)}{dx}\frac{df(g)}{dg}$$

公式是寫出來了，重點是我們該怎麼應用呢? 我們就先把剛才的例子拿來試試看吧! 讓我們一步一步的走下去:

$$f(g(x)) = (2x+1)^2 = (f \circ g)(x),\ \text{其中}\ g(x) = 2x+1, f(g(x)) = (g(x))^2$$

$$\therefore \frac{d}{dx}f(g(x)) = [\frac{dg(x)}{dx}][\frac{df(g(x))}{dg(x)}]\ \text{(連鎖律照抄是這樣)}$$

$$= [\underbrace{\frac{d}{dx}(2x+1)}_{①}][\underbrace{\frac{d}{dg(x)}(g(x))^2}_{②}]$$

我相信第①項這個微分已經難不倒你了。它是對函數 $g(x) = 2x+1$ 裡面的變數 x 作微分。所以 $\frac{d}{dx}(2x+1) = 2x^{1-1} + 0 = 2$。

那麼第②項該怎麼做呢? 它的意思是對函數 $f(g(x)) = [g(x)]^2$ 的 $g(x)$ 作微分。你就把 $g(x)$ 當成一個普通的變數，跟上面的 x 同樣的待遇，所以

$$\frac{d}{dg(x)}(g(x)^2) = 2g(x)^{2-1} = 2g(x) = 2(2x+1) = 4x+2$$

清楚了嗎? 那麼我們來做個總整理吧!

$$\frac{d}{dx}f(g(x)) = [\frac{d}{dx}g(x)][\frac{d}{dg(x)}f(g(x))]$$

$$= [\frac{d}{dx}(2x+1)][\frac{d}{dg(x)}(g(x))^2]$$

$$= (2x^{1-1} + 0)[2g(x)] = 2[2(2x + 1)]$$
$$= 8x + 4 \quad （恭喜，這就是正確答案！）$$

我想當你在做連鎖律的練習甚至是以後微積分的探討時，都不能忽視微分符號的分母部分的變數，它代表著你微分的**目標變數**，並不是寫著好玩的！

如：$\dfrac{d}{dx}f(x)$ 　代表你只要對 $f(x)$ 內的 x 變數微分

$\dfrac{d}{dt}g(t)$ 　　代表你只要對 $g(t)$ 內的 t 變數微分

$\dfrac{d}{dh(x)}f(h(x))$ 　　代表你只要對 $f(h(x))$ 內的 $h(x)$ 變數微分

 例 題 *3 - 10*

請找出下列函數的導函數：

(a) $(3x - 5)^3$ 　　　　　　　　　　(b) $(2x^2 - 2x + 1)^{10}$

(c) $\dfrac{1}{(3x + 1)^5}$ 　　　　　　　　(d) $\sqrt{(5x + 2)}$

解 想要利用連鎖律大顯身手一番嗎? 那麼請先練好你找出合適的「合成函數」的能力！

(a)這一題跟剛才的例題非常類似，做起來應該很輕鬆愉快才對！

你該怎麼找適當的合成函數呢?

$g(x) = 3x - 5 \quad f(g(x)) = (3x - 5)^3 = (g(x))^3$

$\dfrac{d}{dx}(3x - 5)^3 = \dfrac{d}{dx}[f(g(x)] = [\dfrac{d}{dx}g(x)][\dfrac{d}{dg(x)}f(g(x))] \quad （連鎖律）$

$\quad = [\dfrac{d}{dx}(3x - 5)][\dfrac{d}{dg(x)}(g(x))^3] = [3x^{1-1} - 0][3(g(x))^{3-1}]$

$\quad = 3 \cdot 3[g(x)]^2 = 9g^2(x)$

$\quad = 9(3x - 5)^2$

(b) $g(x) = 2x^2 - 2x + 1 \quad f(g(x)) = (2x^2 - 2x + 1)^{10} = (g(x))^{10}$

$$\frac{d}{dx}(2x^2 - 2x + 1)^{10} = [\frac{d}{dx}g(x)][\frac{d}{dg(x)}f(g(x))] \qquad (連鎖律)$$

$$= [\frac{d}{dx}(2x^2 - 2x + 1)][\frac{d}{dg(x)}[g(x)]^{10}]$$

$$= [2 \cdot 2x^{2-1} - 2 \cdot 1x^{1-1} + 0][10(g(x))^{10-1}]$$

$$= (4x - 2)(10(g(x))^9)$$

$$= 10(4x - 2)(2x^2 - 2x + 1)^9$$

$$= 10 \cdot 2(2x - 1)(2x^2 - 2x + 1)^9$$

$$= 20(2x - 1)(2x^2 - 2x + 1)^9$$

(c) $g(x) = 3x + 1 \qquad f(g(x)) = \dfrac{1}{(3x + 1)^5} = (3x + 1)^{-5} = (g(x))^{-5}$

$$\frac{d}{dx}(3x + 1)^{-5} = [\frac{d}{dx}g(x)][\frac{d}{dg(x)}f(g(x))] \qquad (連鎖律)$$

$$= [\frac{d}{dx}(3x + 1)][\frac{d}{dg(x)}(g(x))^{-5}]$$

$$= [3 \cdot 1x^{1-1} + 0][-5 \cdot (g(x))^{-5-1}] = (3)[-5(g(x))^{-6}]$$

$$= -15(g(x))^{-6} = -15(3x + 1)^{-6} = \frac{-15}{(3x + 1)^6}$$

(d) $g(x) = 5x + 2 \qquad f(g(x)) = (5x + 2)^{\frac{1}{2}} = (g(x))^{\frac{1}{2}}$

$$\frac{d}{dx}(5x + 2)^{\frac{1}{2}} = [\frac{d}{dx}g(x)][\frac{d}{dg(x)}f(g(x))]$$

$$= [\frac{d}{dx}(5x + 2)][\frac{d}{dg(x)}(g(x))^{\frac{1}{2}}]$$

$$= [5 \cdot 1x^{1-1} + 0][\frac{1}{2}(g(x))^{\frac{1}{2}-1}]$$

$$= 5(\frac{1}{2})(g(x))^{-\frac{1}{2}} = \frac{5}{2} \cdot \frac{1}{(g(x))^{\frac{1}{2}}}$$

$$= \frac{1}{2\sqrt{5x + 2}}$$

練功時間

請找出下列的函數的導函數：

(a) $(-x+3)^{10}$

(b) $(3x^3 - 2x^2 + x - 1)^6$

(c) $\sqrt[3]{(2x^3 - 3x + 1)}$

(d) $(\dfrac{3x-5}{x^2+1})^{10}$

即席思考

已知函數 $f(x) = x^2 + 1$，則

(a) $f(f(x)) = ?$

(b) $\dfrac{d}{dx} f(f(x)) = ?$

 **3-4**

1. 請找出下列函數的導函數：（別忘了使用連鎖律！）

(a) $(5x - 3)^{10}$

(b) $(2x^2 - 5x + 3)^{15}$

(c) $(4x^3 + 2x^2 - 7x + 8)^{100}$

(d) $(x + 2)^3 (2x - 5)^7$

(e) $\dfrac{1}{(x^2 - 7x + 8)^{10}}$

(f) $(\dfrac{x - 1}{x + 1})^5$

(g) $(x^2 - 3x + 5)^4 (x^3 - 2x^2 + 7x - 1)^3$

(h) $(\dfrac{2x + 3}{x^2 - 3x + 1})^5$

(i) $\sqrt[3]{(x + 1)(x - 3)}$

2. 函數 $\dfrac{(2x^2 - x + 1)}{(x - 5)^3}$ 在點 $(0, -\dfrac{1}{125})$ 的切線斜率是什麼？

3. 函數 $(x^8 - 5x^3 + 1)^{10}$ 通過點 $(0,1)$ 的切線方程式為何？

4. 複利問題

將 \$100,000 投資於定存帳戶，以每半年複利一次。假設年利率為 r，則

(a) 5 年後的本利和 A 為何？

(b) 以 5 年後的本利和為函數，計算本利和與年利率的相對變化率 $(\dfrac{dA}{dr})$ 為何？

5. 供給函數

乾坤 3C 賣場光華店根據銷售紀錄發現，隨身碟的銷售數量與價格成反比關係：

$$y = 50 - \sqrt{p - 1,000} \qquad 1,200 \le p \le 2,000$$

則當隨身碟售價為 \$1,400 時，銷售量與售價之瞬時變化率 $\dfrac{dy}{dp}$ 為何？

開場白

郁思嘉大賣場的市場調查單位發現，大賣場內的高麗菜售價與銷售量有函數關係:

 (a)高麗菜進貨成本為 \$2/斤;

 (b)賣場上的售價為 \$5/斤;

 (c)高麗菜一天的總銷售量為 1,000 斤;

 (d)銷售單位預估，高麗菜售價每提高 \$1/斤，則一天約減少 100 斤的銷售量。

現在你的手下把所有的資料送到你的辦公桌上了。身為定價部門的主管，你必須要同時兼顧售價與銷售量的平衡，使得公司的獲利達到極大化。很快的你作出了獲利函數:

假設 x 代表高麗菜的新售價 $\Rightarrow$ 從原來 \$5 到 \$$x$ 提高了 $(x-5)$ 元

每斤的利潤＝每斤新售價－每斤成本＝$(x-2)$ 元

但售價每增 1 元則銷售量減少 100 斤，現在增加 $(x-5)$ 元

$\Rightarrow$ 總銷售量為 $[1,000-100(x-5)]$ 斤

因此總獲利＝（每斤獲利）$\times$（總銷售量）

$$= (x-2)[1,000-100(x-5)]$$

$$= (x-2)(1,500-100x)$$

$$= 100(x-2)(15-x)$$

接下來呢？要怎麼為你的高麗菜定價才能讓公司有最大的獲利呢？小小高麗菜可以讓你傷透腦筋。這也是微分學相當重要的應用領域之一——最佳化問題 (optimization)。

4–1 指數函數與對數函數

我在從前唸「個人理財」這門課的時候，最喜歡的故事就是「複利的驚人威力」。這篇文章提到，在英國清教徒抵達美國之前，荷蘭人已經抵達了美洲東岸。他們花了 24 美元的代價向印第安人買下了哈德遜河口的一個小島。後來怎樣？那座小島熱鬧得不得了，它就是後來紐約市最精華的曼哈頓區……。別羨慕荷蘭人的好眼光，其實只要印第安人夠聰明，將這 24 美元投資到美國股市的話，荷蘭人就會悔不當初！ 為什麼呢？ 美國股市的平均年報酬率是 12%，如果印第安人投資美國股市的話，第一年的本利和是

$$\$24 \times (1 + 12\%) = \$26.88$$

第二年初把本利和再投資股市，到第二年底的本利和是

$$\$26.88 \times (1 + 12\%) = [\$24 \times (1 + 12\%)] \times (1 + 12\%)$$
$$= \$24(1 + 12\%)^2 = \$30.11$$

像這種利上加利的計息方式，我們稱為複利。照這個方法算下去，400 年後的今天，這 24 美元會幫印第安人賺到多少錢呢？

$$\$24 \times (1 + 12\%)^{400} = \$1.16794 \times 10^{21}$$

這數字絕對遠遠的超過了曼哈頓現在的房地產總值！

看過了這個故事，是不是有點驚訝呢？ 事實上，貨幣的時間價值，是學習金融財務相關科系的同學最基礎的概念。

貨幣的時間價值

就如同剛剛所提到的，貨幣的時間價值是以複利來計算的。假設年利率為 10%，本金為 p，則 3 年後的本利和 A 為

(a)一年複利一次

$$A = p(1 + 10\%)^3 = 1.331p$$

(b)半年複利一次

$$A = p(1 + \frac{10\%}{2})^{2\times3} = 1.34p$$

（每半年只能給一半的年利，所以利率為 $\frac{r}{2}$；n 年共有 2×3 個半年，所以複利 2×3 次）

(c)一季複利一次

$$A = p(1 + \frac{10\%}{4})^{4\times3} = 1.345p$$

$$\vdots$$

一年複利 m 次

$$A = p(1 + \frac{10\%}{m})^{m\times3}$$

...

　　想當然耳，雖然年利率相同，時間也相同，然而一年中複利次數愈多，本利和也就愈大。這時候反應快的你可能已經在開始幻想，要是能每分每秒的複利，最好是連續不斷的複利，那麼我們的本利和將會無限擴大下去，人生是多麼的美好。是嗎？

　　可惜的是，人生不如意事十之八九，讓我們看看剛才的例子，並且繼續增加一年中複利的次數，結果將是如何？

一年複利次數 (m)	1	2	4	12	365
$p(1 + \frac{10\%}{m})^{m\times3}$	1.331p	1.340p	1.345p	1.348p	1.3498p

　　當複利次數增加，本利和是增加沒錯，但是增加的速度愈來愈慢，很顯然的是趨近某一個數字。那一個數字呢？這就是我們要討論的重點啦！

自然基底

不論是在微積分或是商學等等的領域，這一個極限值都有舉足輕重的地位：

$$\lim_{n \to \infty}(1+\frac{1}{n})^n$$

乍看之下，你會脫口而出，「那一定是 1 啦!」看起來好像真的是這樣。當 n 愈來愈大時，$\frac{1}{n}$ 會接近 0，因此，$1+\frac{1}{n}$ 會接近 1，雖然是 $(1+\frac{1}{n})$ 的 n 次方，但是 1 的 n 次方不是 1 嗎? 你又錯了! 不信我們來看看:

N	10	100	1,000	10,000	100,000
$(1+\frac{1}{n})^n$	2.5937	2.7048	2.7169	2.7182	2.7183

我們可以發現，當 n 趨近無限大時，$(1+\frac{1}{n})^n$ 接近一個數字，這個數字我們稱作自然基底 (natural exponential base) e。

定義 4-1　自然基底 e

$$e = \lim_{n \to \infty}(1+\frac{1}{n})^n = 2.718281828 \cdots\cdots$$

如果你有夠好的計算機，它一定會提供 e 的函數。一般來說，我們用 e = 2.71828 就足夠了!

連續複利

你可能會很不服氣：自然基底與連續複利好像是沾不到邊，我卻把它們通通給扯進來了。不過，仔細觀察一下：

連續複利的本利和

$$\lim_{m \to \infty} p(1 + \frac{r}{m})^{m \times t}$$

m：一年內複利次數；p：本金，是一個常數；r：年利率；t：年數。
而自然基底的定義是

$$\lim_{n \to \infty} (1 + \frac{1}{n})^n$$

是不是有點類似呢?

你說對了，我們只要做一個小小的變數轉換 —— 我們假設一個變數 n，
令 $n = \dfrac{m}{r}$，所以 $m = n \times r$。

我們回到連續複利的問題：

$$\lim_{n \to \infty} p(1 + \frac{r}{m})^{m \times t} = p\lim_{n \to \infty} (1 + \frac{r}{m})^{m \times t} \quad (極限定理，p 是常數)$$

$$= p\lim_{n \to \infty} (1 + \frac{1}{\frac{m}{r}})^{nrt} = p\lim_{n \to \infty} [(1 + \frac{1}{n})^n]^{rt}$$

$$= p[\lim_{n \to \infty} (1 + \frac{1}{n})^n]^{rt}$$

（因為 $m = n \times r$，所以 $m \to \infty$ 與 $n \to \infty$ 同義）

$$= pe^{rt} \quad (很神奇吧!)$$

📖 定義 4-2　連續複利

將 p 元投資於年利率 r，且連續複利的金融資產 t 年，則到時本利
和 $A(t)$ 為

$$A(t) = pe^{rt}$$

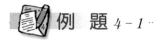 例 題 *4 - 1*

將 100,000 元投資於年利率 8% 的金融資產 5 年：

(a)一年複利一次　　(b)半年複利一次　　(c)連續複利

請問第 5 年底的本利和為何?

解 (a)參照複利公式　$p = 100,000, r = 8\%, t = 5, m = 1$

$$本利和\ A(t) = 100,000(1 + \frac{8\%}{1})^{1\times5}$$

$$= 100,000 \times 1.469328$$

$$= 146,932.8\ 元$$

(b)參照複利公式　$p = 100,000, r = 8\%, t = 5, m = 2$

$$本利和\ A(t) = 100,000(1 + \frac{8\%}{2})^{2\times5}$$

$$= 100,000 \times 1.480244$$

$$= 148,024.4\ 元$$

(c)利用定義 4-2，連續複利

$$本利和\ A(t) = pe^{rt} = 100,000 \times e^{0.08\times5}$$

$$= 149,182.5\ 元$$

練 功 時 間

在大一入學的第一天，為了未來的畢業旅行作計畫，你在銀行開了一個 3 年期的定存帳戶，年利率為 3%。假設你存入 5,000 元，而這個定存帳戶提供了不同的計息方式：

(a)單利　　　　　　　　　　(b)每年複利一次

(c)每天複利一次（一年有 365 天）　(d)連續複利

請求出在不同計息方式下，定存期滿的本利和。

現在你應該可以同意，以 e 為底的指數的確是有點用處的。但難道它只能用在複利問題嗎？當然不是，它的應用範圍極廣。如：

1. 馬爾薩斯著名的人口理論，認為人口的增加速度大於食物的增加速度。人口的增加就是以 e 為底的指數函數。
2. 放射性物質的衰變，也是以 e 為底的函數，不過它的指數是負值。
3. 生物學上細菌的數目。

......

「這些應用的領域到底有什麼關聯性呢？為什麼都必須使用以 e 為底的指數函數？」你問的很好，不過這個問題的答案超出本書的範圍了。我只能說：

凡是某函數與其變數的變化率與變數自己的大小成正比或反比的關係，它的函數就是以 e 為底的函數。

以等式來表示就是

$$\frac{df(x)}{dx} = Rx \qquad （這就是最基礎的微分方程式）$$

的解！

自然對數函數

做完了剛才的「練功時間」之後，你應該對如何計算連續複利的本利和頗有心得囉？只要知道本金 p，年利率 r 與投資時間長度 t 年，就可以算出本利和 $A(t)$。不過我們還是不滿足，我們還想要從另一個角度來探討本利和問題：

已知目標本利和 $A(t)$，年利率 r，本金 p，連續複利，那麼請問要幾年才能達到目標本利和？

舉個例來說，假設你現在有 100,000 元投資於股票，股票的投資報酬率每年都是 10%，連續複利，請問你要花多久的時間才能從 100,000 元增值到 200,000 元？現在你先把所有的資料都放進連續複利的公式吧！

$$200,000 = 100,000e^{0.10t}$$

等號兩邊各除以 100,000，則可得

$$2 = e^{0.1t}$$

這下可好，我們該怎麼計算才能求得時間 t 的解？是了，這就是對數函數出場的時間了！

定義 4-3　對數函數與自然對數函數

(a) x 以 b 為底的對數：以 y 來代表的話，就是「$y = \log_b x$」

(b) x 以 e 為底的對數：叫做自然對數，

以對數來表示的話，就是「$y = \log_e x$」，但我們更常記做 $y = \ln x$

對數的觀念可能比較難懂，我們先來做個練習：

例 題 4-2　對數求值

請計算下列對數的值：

(a) $\log_2 8$ (b) $\log_{10} 100$ (c) $\log_3 \dfrac{1}{3}$

解 (a) 假設 $y = \log_2 8$，依對數的定義

$$2^y = 8$$

2 的幾次方等於 8？當然是 3 次方，所以 $\log_2 8 = y = 3$

(b) 與 (a) 很類似

$$y = \log_{10} 100 \Rightarrow 10^y = 100 = 10^2$$

$$\therefore y = \log_{10} 100 = 2$$

(c) $y = \log_3 \dfrac{1}{3} \Rightarrow 3^y = \dfrac{1}{3} = 3^{-1}$　（負的指數代表倒數，可別忘了！）

$$\therefore y = \log_3 \dfrac{1}{3} = -1$$

練功時間

1.請計算下面各對數的值:

(a) $\log_{10}10$ (b) $\log_3 27$ (c) $\log_5(\frac{1}{125})$ (d) $\log_5 1$

2.請計算 x 值:

(a) $\log_3 x = 4$ (b) $\log_{10} x = 3$ (c) $\log_{\frac{1}{2}} x = -2$ (d) $\log_8 x = 0$

    在弄清楚對數函數的定義之後,下一個任務,就是學習對數函數是怎麼運算的。以下是我們為你整理出來的對數運算規則:

定理 4-1　對數的性質

(a)相等性質: $\log_b u = \log_b v \Leftrightarrow u = v$

(b)乘法性質: $\log_b uv = \log_b u + \log_b v$

(c)指數性質: $\log_b u^r = r\log_b u$

(d)除法性質: $\log_b \dfrac{u}{v} = \log_b u - \log_b v$

(e)換底性質: $\log_b u = \dfrac{\log_a u}{\log_a b}$

例 題 4-3　對數運算

已知 $\ln a = 5$,$\ln b = 10$,請找出下列各對數值:

(a) $\ln ab$ (b) $\ln \sqrt{ab}$ (c) $\ln(\dfrac{b}{a})^3$

解 (a)讓我們應用對數的各種性質吧!

$$\ln ab = \ln a + \ln b \quad (乘法性質)$$
$$= 5 + 10 = 15$$

(b) $\ln \sqrt{ab} = \ln(ab)^{\frac{1}{2}} = \dfrac{1}{2}\ln(ab)$ (指數性質)

$$= \frac{1}{2}(\ln a + \ln b) \quad （乘法性質）$$

$$= \frac{1}{2}(5 + 10)$$

$$= \frac{15}{2}$$

$$(c)\ln(\frac{b}{a})^3 = 3\ln(\frac{b}{a}) \quad （指數性質）$$

$$= 3(\ln b - \ln a) \quad （除法性質）$$

$$= 3(10 - 5) = 3 \times 5$$

$$= 15$$

練 功 時 間

已知 $\log_{10}a = 3$， $\log_{10}b = 9$，請找出下列各對數的值：

(a) $\log_{10}ab$ 　　(b) $\log_{10}(\frac{b}{a})^{10}$ 　　(c) $\log_{10}\frac{1}{a}$ 　　(d) $\log_{10}\sqrt[3]{(ab)^2}$

關於對數函數已經有點概念了嗎？為什麼我們要解有 e 為底的指數就要把對數給搬出來呢？原因很簡單，因為對數函數是指數函數的反函數，它們有著下面的關係。

定理 4-2 　　e^x 與 $\ln x$ 的反函數關係

(a) $e^{\ln x} = x$ 　　 $x > 0$

(b) $\ln e^x = x$ 　　對所有 x

它們的證明十分的「直接」，我們在這裡就不多說了，相信你可以證明出來！

有了以上的關係，我們就可以著手解答剛剛所遭遇到的問題了！

$$2 = e^{0.1t}$$

你該做的是將等號兩邊取 ln，由對數性質(a)可以知道：

$$因為 \quad 2 = e^{0.1t} \quad 所以 \quad \ln2 = \ln e^{0.1t}$$

$$\Rightarrow \ln2 = 0.1t \quad (e^x \text{ 與 } \ln x \text{ 關係的(b)})$$

$$0.6931 = 0.1t$$

$$t = 0.6931 \div 0.1 = 6.931 \approx 7 \text{ 年}$$

例 題 *4-4* 放射物質的半衰期

已知某放射物質的衰變函數是 $F(t) = F_0 e^{-kt}$，則它的半衰期長度是多少？
（半衰期就是放射性物質衰變到只剩原來質量的一半所需要的時間。圖 4-1）

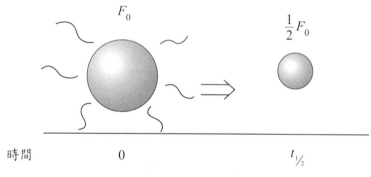

圖 4-1

解 這題也就是在問物質衰變掉一半質量所需的時間 $t_{1/2}$

$$\frac{1}{2}F_0 = F_0 \times e^{-kt} \Rightarrow \frac{1}{2} = e^{-kt_{1/2}}$$

$$等式兩邊取 \ln \Rightarrow \ln\frac{1}{2} = \ln e^{-kt_{1/2}}$$

$$\Rightarrow \ln2^{-1} = -kt_{1/2}\ln e \quad (對數性質(c))$$

$$\Rightarrow -\ln2 = -kt_{1/2}$$

$$\Rightarrow t_{1/2} = \frac{\ln2}{k}$$

請解出下列各指數方程式中的 x：

(a) $5 = e^{0.5x}$

(b) $3 = 2 + e^{4x}$

(c) $-\ln 2x = -2$

(d) $\ln x = \ln 16 - \ln 4$

即 席 思 考

要不要試試看呢？試著在同一個坐標圖形中，畫出這兩個函數的圖形：

(a) $y = \ln x$　　(b) $y = e^x$

你有沒有發覺到這兩個函數圖有甚麼特殊的關係？

習 題 4-1

1. 請解下列指數方程式中的 t：

(a) $3 = e^{0.06t}$ (b) $5 = 10^{0.08t}$

(c) $5 = 3 + e^{0.1t}$ (d) $20,000 = 10,000e^{0.05t}$

2. 已知 $\log_{10}a = 2$，$\log_{10}b = 4$，請求出下列對數的值：

(a) $\log_{10}(ab)^3$ (b) $\log_{10}(\frac{b}{a})^{\frac{2}{3}}$

(c) $\log_a b$ (d) $\log_{10} a^3 b^2$

3. 將 200,000 元存入年息 12% 連續複利的定存帳戶中，請問 8 年後的本利和是多少？

4. 在大學入學的第一天，小雅就開始計畫她的畢業旅行了。為了籌措旅費，她決定現在存入一筆現金到債券基金。已知畢業旅行於 3 年後舉辦，預定的費用是 15,000 元，債券基金每年的報酬率為 4%，採取連續複利，請問她現在該存入多少錢？

5. 已知鉋金屬的半衰期是 30 年，假設它的衰變是連續性的，請問其衰變率是多少？（也就是 $F(t) = F_0 e^{-kt}$ 中的 k 值是多少啦！）

6. 假設世界人口的增加是連續性的，已知世界人口增加率是每年 3%，請問經過幾年之後世界人口會變成原來的兩倍？

4-2　指數與對數函數的導函數

　　有點累了，是不是呢？也許這一節的內容會讓你覺得輕鬆一點，因為不論是以 e 為底的指數函數，或是對數函數，它們的導函數的求法會比你所想像的容易許多！

e^x 的導函數

定理 4-3　　e^x 的導函數

$$\frac{d}{dx}e^x = e^x$$

　　呵呵！這是你到目前為止所遇到最「容易」的導函數。它的導函數就是它自己，根本沒有任何改變！所以你要留意了，e^x 的導函數並不是 xe^{x-1}。

例 題 4-5　　e^x 的導函數計算 ···

請找出下列函數的導函數：

(a) $f(x) = xe^x$ 　　　　　　　　(b) $g(x) = e^{2x}$

(c) $f(x) = e^{x^2+2x+1}$ 　　　　　　(d) $h(x) = \dfrac{e^{x^2+1}}{x^2+1}$

 (a) 你覺得該如何處理呢？

　　乘法律？對了！假設 $u(x) = x, v(x) = e^x$

　　　$\therefore f(x) = u(x)v(x)$

　　　$\dfrac{d}{dx}f(x) = u'(x)v(x) + u(x)v'(x)$ 　　（導函數乘法律）

　　　　　　$= [\dfrac{d}{dx}(x)](e^x) + (x)[\dfrac{d}{dx}(e^x)]$

$$= (1x^{1-1})e^x + (x)e^x$$

$$= e^x + xe^x$$

(b)這個函數真的很討厭，要是它是 e^x 就好做了！

像這類「函數中的函數」問題，幾乎都要靠連鎖律來解決。

令 $u(x) = 2x \Rightarrow g(u(x)) = e^u$

$$\frac{d}{dx}g(u(x)) = \frac{du(x)}{dx} \times \frac{dg(u(x))}{du(x)} \qquad (連鎖律)$$

$$= [\frac{d}{dx}(2x)] \times [\frac{d}{du}e^u] = (2) \times e^u$$

$$= 2e^{2x} \qquad (記得要把 u(x) 還原成以 x 表示!!)$$

(c)還是得動用到連鎖律。令 $u = x^2 + 2x + 1$

$$f(u(x)) = e^{u(x)}$$

$$\frac{d}{dx}f(u(x)) = [\frac{du(x)}{dx}][\frac{df(u(x))}{du(x)}]$$

$$= [\frac{d}{dx}(x^2 + 2x + 1)][\frac{d}{du}(e^u)]$$

$$= (2x + 2)(e^u)$$

$$= 2(x + 1)e^{x^2+2x+1}$$

(d) $h(x) = \dfrac{\boxed{e^{x^2+1}} \to u}{\boxed{x^2 + 1} \to v} = \dfrac{u(x)}{v(x)}$

$$h'(x) = \frac{u'v - uv'}{v^2(x)} \qquad (導函數除法律)$$

$$= \frac{[\frac{d}{dx}(e^{x^2+1})][x^2+1] - [e^{x^2+1}][\frac{d}{dx}(x^2+1)]}{(x^2+1)^2}$$

$$= \frac{[\frac{d}{dx}(e^{x^2+1})](x^2+1) - (e^{x^2+1})(2x+0)}{(x^2+1)^2}$$

現在的問題是 $[\frac{d}{dx}(e^{x^2+1})]$，為了它我們要用一次連鎖律！

令 $r(x) = x^2 + 1 \Rightarrow u(r(x)) = e^r$

$$\frac{du(r(x))}{dx} = \frac{dr(x)}{dx} \times \frac{du(r(x))}{dr(x)} = [\frac{d}{dx}(x^2+1)][\frac{d}{dr}e^r]$$

$$= (2x+0)(e^r) = 2xe^r$$

$$= 2xe^{x^2+1}$$

所以回到 $h'(x)$

$$h'(x) = \frac{[\frac{d}{dx}(e^{x^2+1})](x^2+1) - 2xe^{x^2+1}}{(x^2+1)^2}$$

$$= \frac{2xe^{x^2+1}(x^2+1) - 2xe^{x^2+1}}{(x^2+1)^2} = \frac{2x^3e^{x^2+1}}{(x^2+1)^2}$$

練功時間

請各位加緊練習！找出下列指數函數的導函數：

(a) $f(x) = 3 + e^x$

(b) $g(x) = e^{\frac{1}{2}x} + 5$

(c) $f(x) = e^{-x^3}$

(d) $g(x) = \frac{1}{2+e^{2x}}$

ln$x$ 導函數

ln$x$ 的導函數也是相當的好記，可是別小看它，因為它的導函數也是非常重要的。

定理 4-4　ln$x$ 的導函數

$$\frac{d}{dx}\ln x = \frac{1}{x} \qquad x > 0$$

這會很特殊嗎？當然！回想一下

$$\frac{d}{dx}(\frac{1}{x}) = \frac{d}{dx}(x^{-1}) = -1x^{-1-1} = \frac{-1}{x^2}$$

可是

$$\frac{d}{dx}(x^0) = 0 \times x^{0-1} = 0 \qquad （常數的微分是 0，可不是 \frac{1}{x}！）$$

在你未來學習積分的過程中，會常常有機會用到它！

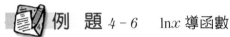 例 題 *4 - 6*　ln$x$ 導函數 ....

請求出下列函數的導函數：

(a) $f(x) = x \ln x$　　　　　　　　　(b) $g(x) = \ln(2x^3 - 5x + 1)$

(c) $f(x) = (x^2 + \ln x)^{\frac{3}{2}}$　　　　　　(d) $g(x) = \frac{\ln x}{x}$

解　(a) $f(x) = \underbrace{x}_{u} \underbrace{\ln x}_{v} = u(x)v(x)$

$$\frac{d}{dx}f(x) = u'(x)v(x) + u(x)v'(x) \qquad （導函數乘法律）$$

$$= [\frac{d}{dx}(x)][\ln x] + (x)[\frac{d}{dx}\ln x]$$

$$= (1)(\ln x) + (x)(\frac{1}{x})$$

$$= \ln x + 1$$

(b) 令 $u(x) = 2x^3 - 5x + 1, h(x) = \ln x, h(u(x)) = \ln(u(x))$

$$\frac{d}{dx}g(x) = (\frac{du(x)}{dx})(\frac{dh(u(x))}{du(x)}) \qquad （連鎖律）$$

$$= [\frac{d}{dx}(2x^3 - 5x + 1)][\frac{d}{du}\ln u]$$

$$= (2 \times 3 \times x^{3-1} - 5 \times 1 \times x^{1-1} + 0)(\frac{1}{u})$$

$$= (6x^2 - 5)(\frac{1}{u}) = (6x^2 - 5)(\frac{1}{2x^3 - 5x + 1})$$

$$= \frac{6x^2 - 5}{2x^3 - 5x + 1}$$

(c) 令 $u(x) = x^2 + \ln x \Rightarrow h(x) = x^{\frac{3}{2}}, h(u(x)) = u(x)^{\frac{3}{2}}$

$$\frac{d}{dx}f(x) = [\frac{du(x)}{dx}][\frac{dh(u(x))}{du(x)}] = [\frac{d}{dx}(x^2 + \boxed{\ln x})] \times [\frac{d}{du}u^{\frac{3}{2}}]$$

$$= (2x^{2-1} + \boxed{\frac{1}{x}})(\frac{3}{2}u^{\frac{3}{2}-1}) = (2x + \frac{1}{x})(\frac{3}{2}u^{\frac{1}{2}})$$

$$= (2x + \frac{1}{x})(\frac{3}{2}\sqrt{x^2 + \ln x})$$

$$= \frac{3}{2}(2x + \frac{1}{x})\sqrt{x^2 + \ln x}$$

(d) $g(x) = \dfrac{\boxed{\ln x}}{\boxed{x}} = \dfrac{v(x)}{u(x)}$

$$\frac{d}{dx}g(x) = \frac{u(x)v'(x) - u'(x)v(x)}{u^2(x)}$$

$$= \frac{(x)[\boxed{\frac{d}{dx}\ln x}] - [\frac{d}{dx}x][\ln x]}{x^2}$$

$$= \frac{(x)\boxed{(\frac{1}{x})} - (1)(\ln x)}{x^2}$$

$$= \frac{1 - \ln x}{x^2}$$

練功時間

從現在開始鍛鍊你的對數微分功力!

(a) $f(x) = \ln x^5$

(b) $g(x) = (\ln x)^5$

(c) $h(x) = e^{x^2} + \dfrac{\ln x}{x + 1}$

(d) $m(x) = \sqrt{x^3 + \ln x}$

習題 4-2

1. 請找出以下函數的導函數：

(a) $\ln x^{\frac{1}{2}}$ (b) $x^2 e^{x^2}$

(c) $\log_{10} x^2$ （提示：記得對數的換底公式嗎？用 ln 來換！）

(d) $x^2(\ln x)^2$

(e) $xe^x + e^x$ (f) $\sqrt[3]{5 - e^x}$

(g) $\ln x^8$ (h) $x^3 e^x - x^2 e^x + xe^x + x$

2. 污染物濃度

   某上市化工公司想要了解工廠排放的污水對鄰近河川的影響，於是對其排放於河川中的化學物質濃度做測量。測量結果發現，化學物質在河川的濃度與時間呈現下列的函數關係：

   $$k(t) = 150(1 - e^{-0.5t}) \qquad t \geq 0 \qquad (t：小時)$$

   請問在第 2 小時與第 5 小時：

   (a) 化學物的濃度？

   (b) 化學物濃度的瞬間變化率？

4-3　一階導數與函數極值　

　　我們辛辛苦苦，一路走來，想必你也吃了不少苦頭了吧？還好，有關微分的基礎理論部分，我們暫時在上一節打住了；從現在開始，我們即將進入你最期待的應用部分了！

　　到現在為止，導函數的功能，在你的印象中可能只有兩項，那就是：

　　—— 函數 $f(x)$ 上一點 $(x_0, f(x_0))$ 的切線斜率。

　　—— 瞬時變化率。

　　要是導函數可以應用的領域只有這些的話，說真的，我們何必花那麼多的心血在這上面呢？導函數最重要的功能還有以下兩項：

　　(a)函數圖形的繪製。

　　(b)極值與最佳化問題。

　　這才是商學專業的我們躍躍欲試的領域。但現在我們該如何入門呢？

遞增函數與遞減函數

　　一開始，遞增與遞減函數 (increasing and decreasing functions) 的觀念得先幫你釐清一下：

定義 4-4

(a)遞增函數：一個函數 $f(x)$ 在區間 (a, b) 遞增的定義是，對所有 $a < x < b$ 的 x 來說，若 $x_1 < x_2$，則 $f(x_1) \geq f(x_2)$。

(b)遞減函數：一個函數 $f(x)$ 在區間 (a, b) 遞減的定義是，對所有 $a < x < b$ 的 x 來說，若 $x_1 < x_2$，則 $f(x_1) \leq f(x_2)$。

　　換句話說，就是：

函數 $f(x)$ 在區間 (a, b) 遞增，代表在 a 與 b 兩數之間，x 值愈大，則它的 $f(x)$ 函數值也愈大，所有在 a 與 b 兩數之間的 x 值都符合這個規律。例如說，

$$f(x) = x + 1$$
$$x_1 = 1.1, \ x_2 = 1, \ x_1 > x_2$$
$$f(x_1) = 1.1 + 1 = 1.2, \ f(x_2) = 1 + 1 = 2 \implies f(x_1) > f(x_2)$$

遞減函數則是相反，函數 $f(x)$ 在區間 (a, b) 遞減，代表在 a 與 b 兩數之間，x 值愈大，$f(x)$ 函數值卻是愈小。

馬上舉個遞減函數的例子給你：

$$f(x) = -x + 1 \quad \text{所有實數 } x$$

這次該你試試看了。當 x 值愈大，$f(x)$ 值是不是愈小呢？

以圖形跟你解說遞增與遞減函數的範例，要看看喔！

$f(x)$	$f(x)$ 的圖形	範例
遞增	上升	
遞減	下降	

首先讓我畫一個函數圖出來（圖 4-2）；試著回憶在第一章我們所教給你斜率的觀念 $\begin{cases} m_1 > 0 \\ m_2 = 0 \\ m_3 < 0 \end{cases}$，對不對？

另一方面，我們更深入的來看：

(a) m_3 所在的區域，$f(x)$ 是上升的趨勢，當 x 變大，$f(x)$ 也變大；

(b) m_3 所在的區域，$f(x)$ 是下降的趨勢，當 x 變大，$f(x)$ 卻變小！

這是巧合嗎？不是的，這是永恆的事實。

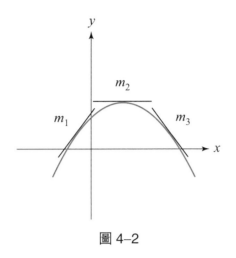

圖 4-2

定理 4-5　利用一次微分判斷遞增遞減函數

如果對所有在區間 (a, b) 的 x 來說:

$f'(x) > 0$, 也就是切線斜率為正, 則 $f(x)$ 是遞增函數;

$f'(x) < 0$, 也就是切線斜率為負, 則 $f(x)$ 是遞減函數。

例 題 4-7　直線函數的遞增與遞減

請判別下列函數是遞增還是遞減?

(a) $y = x + 1$　　(b) $y = -x + 1$

解　「什麼? 這不是剛剛提到的兩個例子嗎?」

對極了, 現在我們就是要利用這兩個已知結果的例題印證一次微分判斷的正確性。

(a) $f(x) = x + 1$

$$\frac{d}{dx} f(x) = 1 > 0$$

不論 x 值是多少, $f'(x)$ 都大於 0, 所以對所有實數 x 來說, $f(x)$ 是遞增函數!

(b) $f(x) = -x + 1$

$$f'(x) = -1 < 0$$

不論 x 值是多少，$f'(x)$ 都小於 0，所以對所有實數 x 來說，$f(x)$ 是遞減函數！

看起來似乎很容易是不是？可別就這麼鬆懈下來，因為下一個例題你就得好好想一想了。

例 題 4-8　二次函數的遞增與遞減

請判別下列函數 $f(x) = x^2$ 在那些區間遞增？那些區間遞減？

解 $f'(x) = 2 \times x^{2-1} = 2x$，$f'(x)$ 什麼時候大於 0？又是什麼時候小於 0？

答案是

$$f'(x) = 2x > 0 \Rightarrow x > 0$$
$$f'(x) = 2x < 0 \Rightarrow x < 0$$

$\therefore$ 當 $x > 0$ 時，則 $f'(x) > 0$，也就是 $f(x)$ 是遞增函數

當 $x < 0$ 時，則 $f'(x) < 0$，也就是 $f(x)$ 是遞減函數

至於 $f(x) = x^2$ 的圖形呢？就是大家很熟悉的「拋物線」（圖 4–3）。

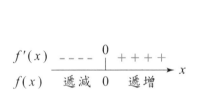

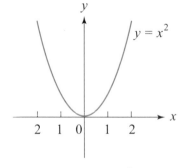

圖 4–3　$y = x^2$

即席思考

除了剛才的直線函數之外，你可否舉出其他對所有 x 值都遞增的函數? 對所有 x 都遞減的函數?

例題 4-9 再試一次

請問函數 $f(x) = 2 + 4x - x^2$ 在哪些區間遞增? 哪些區間遞減?

解 $f'(x) = \dfrac{d}{dx}(2 + 4x - x^2) = 0 + 4 \times x^{1-1} - 2x^{2-1}$

$\qquad = 4 - 2x$

$f(x)$ 遞增，$f'(x) > 0 \Rightarrow 4 - 2x > 0 \Rightarrow 4 > 2x \Rightarrow x < 2$

$f(x)$ 遞減，$f'(x) < 0 \Rightarrow 4 - 2x < 0 \Rightarrow x > 2$

而在 $x = 2$ 時，$f'(x) = 0$

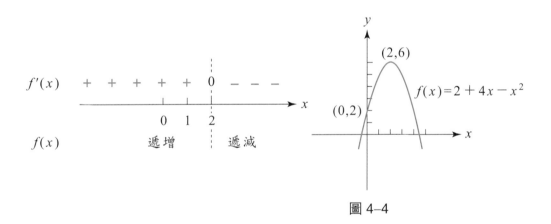

圖 4-4

練功時間

下列拋物線的遞增與遞減區間在哪裡? 並同時求出其 x 與 y 截距。

(a) $f(x) = 2x^2$ (b) $f(x) = x^2 - 1$ (c) $f(x) = -2 + 3x - x^2$

相對極值 (relative extrema)

在仔細的研究了剛才兩個例題之後（如果又做完練功時間那就更好啦！）除了已經傳授給你的「遞增」、「遞減」的概念之外，你還看出別人看不到的地方嗎？留意我所畫出來的 $f(x)$ 與 $f'(x)$ 相對於 x 值的對照圖……啊！是了！$f'(x)$ 的值不論是由正到負，或是由負到正，都有 $f'(x) = 0$ 做為分界點，而 $f'(x) = 0$ 代表切線斜率為 0，也就是水平切線。那麼這又代表什麼意義呢？

⒜ $f'(x)$ 由負到 0 到正，代表 $f(x)$ 值由遞減轉到遞增，這樣形成了一個「谷」，而使 $f'(x) = 0$ 的 x 值，是函數 $f(x)$ 由遞減到遞增的分界，也就是谷底（圖 4–5）。

⒝ $f'(x)$ 由正到 0 到負，代表 $f(x)$ 值由遞增轉成遞減，這樣形成了一個「峰」，而使 $f'(x) = 0$ 的 x 值，是函數 $f(x)$ 由遞增到遞減的分界，也就是峰頂（圖 4–5）。

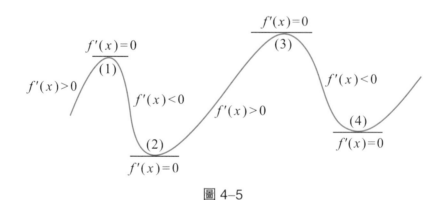

圖 4–5

以上所提到的現象，你會覺得很突兀嗎？開車從上坡到下坡，一定會經過一個峰頂。這個峰頂在它自己的山丘是最高點，但是可不一定是所有山峰的最高點喔！它只有在某個區間是相對高點。在上圖中，(1)、(3) 都是相對極大值，但是只有 (3) 才是這個圖的絕對極大值。

我們可以依此類推相對極小值的狀況。(2) 與 (4) 都是相對極小值，但是

只有 (2) 才是上圖的 絕對極小值。

已經開始有那麼點概念了嗎?現在要開始正式討論了!一開始我們先介紹幾個定義:

📖 定義 4-5　相對極值

> (a)相對極大值 (relative maximum): 假設 c 在 (a, b) 區間內,而對所有在 (a, b) 區間內的 x 值而言,$f(c) \geq f(x)$,則 $f(x)$ 在 $x = c$ 有相對極大值。
>
> (b)相對極小值 (relative minimum): 假設 c 在 (a, b) 區間內,而對所有在 (a, b) 區間內的 x 值而言,$f(c) \leq f(x)$,則 $f(x)$ 在 $x = c$ 有相對極小值。

緊接著上場的是臨界值與臨界點的定義:

📖 定義 4-6　臨界值與臨界點

> 如果有一個數字 c,可以使 $f'(c) = 0$ 或 $f'(c)$ 不存在,則 c 就是函數 $f(x)$ 的 臨界數 (critical number)。而在函數 $f(x)$ 圖形上相對應的點 $(c, f(c))$ 就叫做 臨界點 (critical point)。

怎樣? 開始警覺到跟前面的例題的關聯性了吧?

📝 例 題 *4 - 10*　基礎臨界數搜索

$f(x) = x^2, f'(x) = 2x$

1. $f'(c) = 0 \Rightarrow f'(c) = 2 \cdot c = 0$

   $\Rightarrow c = 0$ 是臨界數,$(c, f(c)) = (0, 0)$ 是臨界點

2. 在本例沒有 $f'(c)$ 不存在的 c 值。

例 題 *4-11* 再一次搜索臨界值!

$f(x) = 2 + 4x - x^2, f'(x) = 4 - 2x$

1. $f'(c) = 0 \Rightarrow f'(c) = 4 - 2c = 0$

   $\Rightarrow c = 2$ 是臨界值，$(c, f(c)) = (2, 6)$ 是臨界點

2. 在本例沒有 $f'(c)$ 不存在的 c 值。

最後要提醒大家一個很重要的觀念，那就是：

(a)凡是相對極值就一定是臨界點。

(b)但臨界點未必都是相對極值。

怎麼說呢？我用三個圖來解釋給你看吧！（圖 4-6）

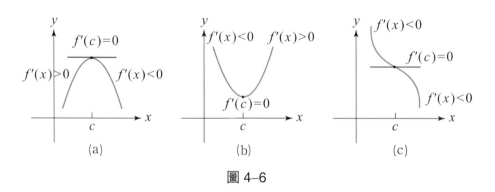

圖 4-6

上面這個圖的(a)、(b)部分你應該很清楚了，(a)、(b)分別是相對極大與相對極小值。但(c)圖雖然 $x = c$ 時，$f'(c) = 0$，然而很明顯的，$(c, f(c))$ 絕不是相對極值⋯⋯為什麼會這樣？仔細觀察一下，原來不論在 c 的左方還是右方，$f'(x)$ 都小於 0，也就是 $f(x)$ 函數值持續的在遞減！明白了嗎？找到 $f'(c) = 0$ 的 c 值並不代表 c 值一定可以把遞增與遞減的區域分開，你還是要乖乖的使用上面例題中用的 $f'(x), f(x)$ 與 x 值的對照表！

相對極值的一階導函數檢定

是到了本節總結的時間了。我們將這節所討論的所有題材整理出來，那就是以下的壓軸好戲，對你是非常有幫助的喔!

定義 4-7　一階導函數檢定相對極值

令 c 是 $f(x)$ 的臨界值，則臨界點 $(c, f(c))$ 是

(a)相對極大值: 在 c 左方的 $f'(x) > 0$，且在 c 右方的 $f'(x) < 0$

$$
\begin{array}{c|c}
f(x) & \nearrow \quad \searrow \\
\hline
f'(x) & + \quad\underset{c}{}\quad -
\end{array}
$$

(b)相對極小值: 在 c 左方的 $f'(x) < 0$，且在 c 右方的 $f'(x) > 0$

$$
\begin{array}{c|c}
f(x) & \searrow \quad \nearrow \\
\hline
f'(x) & - \quad\underset{c}{}\quad +
\end{array}
$$

(c)非相對極值: 若 $f'(x)$ 在 c 的兩側是同號

　　　　　　(同時大於 0 或同時小於 0)

$$
\begin{array}{c|c}
f(x) & \searrow \quad \searrow \\
\hline
f'(x) & - \quad\underset{c}{}\quad -
\end{array}
\qquad
\begin{array}{c|c}
f(x) & \nearrow \quad \nearrow \\
\hline
f'(x) & + \quad\underset{c}{}\quad +
\end{array}
$$

「到現在為止所提到的臨界值或是相對極值，討論到的都是 $f'(x) = 0$ 的情形。可否舉出使 $f'(x)$ 不存在的臨界值或甚至是相對極值會是怎樣的情況呢?」很高興你的細心，在圖 4-7 你可以看見幾個這樣的例子。

圖 4-7 的 a, b, c, d 都是 $f(x)$ 的臨界值，然而 $f(x)$ 在 $x = a$ 與 $x = d$ 時，是具有水平切線的，也就是 $f'(x) = 0$，但是在 $x = b$ 與 $x = c$ 這兩個臨界值，$f'(x)$ 卻不存在（提示，在導函數的定義，$\lim\limits_{h \to 0^+} \neq \lim\limits_{h \to 0^-}$）。

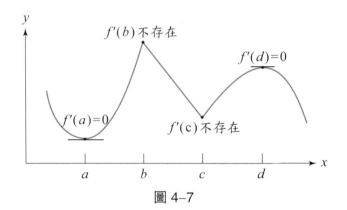

圖 4–7

✎ 例 題 *4 - 12*　臨界值的定位 ⋯⋯⋯⋯⋯⋯⋯⋯⋯⋯⋯⋯⋯⋯⋯

已知函數 $f(x) = x^3$：

(a)找出 $f(x)$ 的所有臨界值。

(b)找出所有相對極值。

(c)大略畫出 $f(x)$ 的圖形。

解　(a)別忘記了，臨界值的來源有二 $\begin{cases} f'(x) = 0 & \text{與} \\ f'(x) \text{ 不存在} \end{cases}$

$$f'(x) = 3x^{3-1} = 3x^2$$

$$f'(x) = 0 \Rightarrow 3x^2 = 0 \Rightarrow x = 0$$

$$f'(x) \text{ 不存在} \Rightarrow 沒有這個 x 值$$

∴臨界值只有一個　$x = 0$

(b)

$$
\begin{array}{l}
f(x) \quad \nearrow \qquad \nearrow \\
f'(x) \quad \underline{\quad + \quad | \quad + \quad} \; x \\
\qquad\qquad\qquad 0
\end{array}
$$

根據一階導函數判定法(c)，$x = 0$ 不是相對極值。

所以這個函數沒有任何相對極值。

(c)我們先找出 x 與 y 的截距, 發現

$$\begin{cases} f(0) = 0^3 = 0 & (y \text{ 截距, 當 } x = 0) \\ f(x) = 0 \Rightarrow x^3 = 0 \Rightarrow x = 0 & (x \text{ 截距, 當 } f(x) = 0) \end{cases}$$

結論: 1. $f(x)$ 與 x, y 軸只交於 $(0, 0)$

2. $f(x)$ 一直遞增

3. 在 $x = 0$ 時, $f(x)$ 的切線斜率為 0

用以上的線索, 我們可以大致畫出 $f(x)$ 的圖形 (圖 4–8):

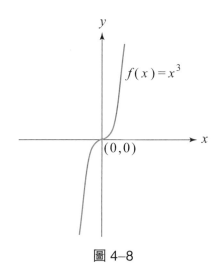

圖 4–8

例 題 *4 - 13*　找出相對極值

已知函數 $f(x) = x^3 - 3x^2 - 9x + 2$:

(a)找出 $f(x)$ 的臨界值。

(b)找出 $f(x)$ 的相對極值。

(c)請「大概」畫出 $f(x)$ 的圖形。

解　(a)和例題 4–12 很類似的作法

$$f'(x) = 3x^2 - 6x - 9 = 0 \Rightarrow x^2 - 2x - 3 = 0 \Rightarrow (x - 3)(x + 1) = 0$$

$\Rightarrow f(x)$ 的臨界值有 $x = -1,\ x = 3$

$f'(x)$ 是多項式，所以沒有使 $f'(x)$ 不存在的臨界值

$\therefore f(x)$ 的臨界值為 $x = -1,\ 3$

(b)

$$f(x) \qquad \nearrow \qquad \searrow \qquad \nearrow$$
$$f'(x) \qquad +\quad -1 \quad - \quad 3 \quad +$$

很清楚吧! $x = -1$ 是相對極大值，$x = 3$ 是相對極小值。

(c)(1)先找出 $f(x)$ 與 y 軸的交點 $(x = 0)$

$$f(0) = 0^3 - 3 \times 0^2 - 9 \times 0 + 2 = 2 \Rightarrow 交\ y\ 軸於\ (0, 2)$$

(2)找出 $f(x)$ 與 x 軸的交點 $(y = 0)$

$$0 = x^3 - 3x^2 - 9x + 2 \Rightarrow (x + 2)(x^2 - 5x + 1) = 0$$

$$\therefore x = -2, \frac{5 \pm \sqrt{21}}{2}$$

(3)函數 $f(x)$ 的遞增遞減區域，
已經在(b)部分算出來了；函
數圖如右（圖 4-9）：

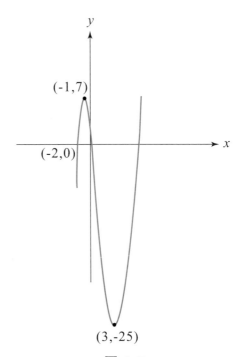

圖 4-9

練 功 時 間

這裡有二個函數：

$$f(x) = -x^2 + 6x + 5, \ g(x) = x^3 - 6x^2 + 9x + 1$$

請分別找出它們的

(a)臨界值　　　(b)相對極值　　　(c)請「大概」的畫出函數圖形

習 題 4-3

1. 請找出下列函數的臨界值和臨界點：

(a) $f(x) = \dfrac{x^3}{3} - x$ 　　　　　(b) $g(x) = x^3 - \dfrac{3}{2}x^2 - 18x + 5$

(c) $h(t) = -t^2 - 6t + 7$ 　　　　(d) $G(x) = 2x^2 - 8x + 5$

2. 下列函數在哪些區間是遞增？哪些區間是遞減？

(a) $f(x) = (x-3)(x+1)$ 　　　(b) $g(x) = -3x^2 - 12x + 4$

(c) $g(x) = x^3 - 3x + 6$ 　　　　(d) $g(x) = x^3 + 3x^2 - 1$

3.

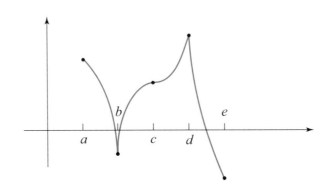

上面這個可不是塗鴉！請你幫我找一找，那裡是

(a)臨界點　　　　　　　　　(b)遞增區域

(c)遞減區域　　　　　　　　(d)相對極值

(e) $f'(x) = 0$ 的 x 值　　　　(f) $f'(x)$ 不存在的 x 值

4. 請找出下列函數的

(1)臨界值　(2)遞增遞減區間　(3)相對極值　(4)與 x 軸交點　(5)與 y 軸交點

(a) $x + \dfrac{1}{x}$ 　　　　　　　　　(b) $x^2 + 4x + 4$

(c) $\dfrac{5}{x-2}$　　　　　　　　　　(d) $x^2(x+1)$

(e) $(x^2+1)(x+2)$

5.獲利分析

　昌磊電腦的財務部門發現，筆記型電腦的銷售量與其獲利關係可以畫成下列函
　數圖形：

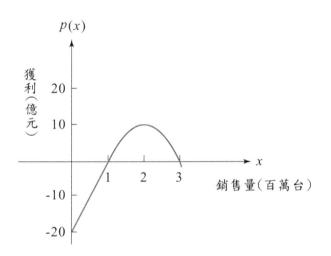

不需要計算，用觀察的就好：

(a)請描述其邊際獲利率 $p'(x)$ 與銷售量的關係。

(b)在銷售量為多少時，昌磊電腦開始獲利？又何時開始虧損？

4-4 二階導函數與凹性

在上一節，除了找出臨界值、臨界點，還有找出了相對極值之外，我們所達成的最重要目標，就是函數的遞增與遞減。代表 $f(x)$ 相對於 x 的變化率，所以：

    1. $f'(x) > 0$ 代表 $f(x)$ 遞增。

    2. $f'(x) < 0$ 代表 $f(x)$ 遞減。

這麼說來，$f(x)$ 的二次微分 $f''(x)$ 也就是 x 對 $f'(x)$ 的微分 $\dfrac{d}{dx}f'(x)$，同理也就代表 $f'(x)$ 對 x 的變化率了！而且跟剛才的情況一樣，

    1. $f''(x) > 0$ 代表 $f'(x)$ 遞增。

    2. $f''(x) < 0$ 代表 $f'(x)$ 遞減。

這個觀念對你來說應該是一點也不困難。只是 $f'(x)$ 遞增或遞減對我們有什麼意義呢？我們先來看一個例子吧！

例題 4-14　$f'(x)$ 遞增與遞減

一般擔任工廠管理階層的幹部，即使沒有在理論上看過，實務上也應該都知道這種道理：

(a)在員工人數一定時，增加員工的工作時數，不但可以加速生產速率，也同時增加總生產量。

(b)但是在增加超過一個時間後，總生產量雖然持續增加，但生產增加率卻會減低。

看完圖 4-10 你就會一清二楚了！

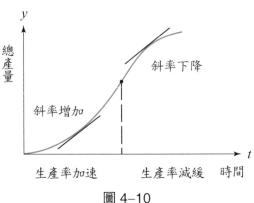

圖 4-10

注意到一個可疑的現象嗎？在斜率增加的區域內，總產量函數曲線總是在切線的上方；而在斜率降低的區域，總產量函數曲線總是在切線的下方。這個特性就是現在要定義的「凹性」。

凹　性

若函數 $f(x)$ 在區間 (a, b) 是可微分的，且 c 在 (a, b) 內

1.上凹 (concave upward)：

   (a) $f'(x)$ 在區間 (a, b) 呈遞增狀態。

   (b) $f(x)$ 在 (a, b) 的圖形，除了切點 $(c, f(c))$ 之外，都位於通過切點 $(c, f(c))$ 的切線上方。

2.下凹 (concave downward)：

   (a) $f'(x)$ 在區間 (a, b) 呈遞減狀態。

   (b) $f(x)$ 在 (a, b) 的圖形，除了切點 $(c, f(c))$ 之外，都位於通過切點 $(c, f(c))$ 的切線下方。

剛才不是告訴你了嗎？當二階導函數 $f''(x) > 0$，則一階導函數 $f'(x)$ 遞增，$f''(x) < 0$，則 $f'(x)$ 遞減。當 $f'(x)$ 遞增時，我們叫做什麼呢？上凹！對了，那當 $f'(x)$ 遞減時呢？下凹！你又答對了！所以下面的「凹性檢定法」就顯得理所當然了。

定理 4-6　凹性檢定法

1.若在 (a, b) 區間的所有 x 值，都合乎 $f''(x) > 0$ 這個條件，則 $f(x)$ 在這個區間 (a, b) 是上凹的。

2.若在 (a, b) 區間的所有 x 值，都合乎 $f''(x) < 0$ 這個條件，則 $f(x)$ 在這個區間 (a, b) 是下凹的。

你可能會問，凹性很重要嗎？那當然！不同的凹性會造成不同的函數圖形。現在就讓我們結合上一節的一階導函數來討論：

假如在區間 (a, b)

　1. $f'(x) > 0$ 且 $f''(x) > 0$：$f(x)$ 遞增，且 $f(x)$ 上凹（圖 4–11 (a)）

　2. $f'(x) > 0$ 且 $f''(x) < 0$：$f(x)$ 遞增，且 $f(x)$ 下凹（圖 4–11 (b)）

　3. $f'(x) < 0$ 且 $f''(x) > 0$：$f(x)$ 遞減，且 $f(x)$ 上凹（圖 4–11 (c)）

　4. $f'(x) < 0$ 且 $f''(x) < 0$：$f(x)$ 遞減，且 $f(x)$ 下凹（圖 4–11 (d)）

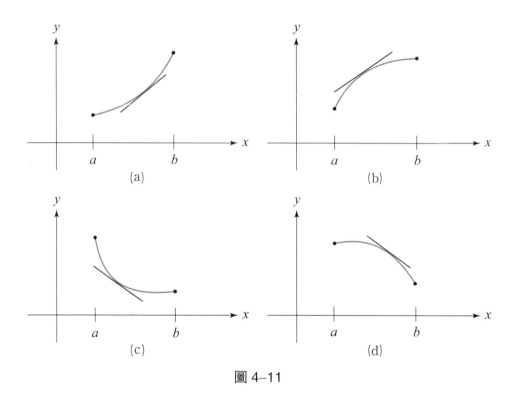

圖 4–11

怎麼樣？想檢驗自己的上下凹是否畫對，最簡單的方法就是畫切線。
函數圖形在切線之上就是上凹；函數圖形在切線之下就是下凹！

反曲點

上面討論完 $f''(x) > 0$ 與 $f''(x) < 0$ 會發生的狀況了，接下來呢?可別放過了 $f''(x) = 0$ 這個重點。各位還記得吧?會使一階導函數 $f'(x) = 0$ 或 $f'(x)$ 不存在的 x 值我們稱它們是「臨界數」。那麼……

定義 4-8　反曲點

> 若函數 $y = f(x)$ 在區間 (a,b) 是連續的,且在 $x = c$ 處有反曲點 (inflection points)，則
>
> $$f''(x) = 0 \text{ 或 } f''(x) \text{ 不存在!}$$

不過跟上一節相對極值的問題一樣,要位於一階導函數 $f'(x)$ 大於小於 0 分界點的臨界值才是相對極值。並不是所有使二階導函數 $f''(x) = 0$ 或 $f''(x)$ 不存在的點都是反曲點,而是位於

　1. $f''(x)$ 正負號改變的地方，也就是

　2. 上下凹開始改變的地方

才是真正的反曲點!

例 題 4-15　找反曲點 ⋯⋯⋯⋯⋯⋯⋯⋯⋯⋯⋯⋯⋯⋯⋯⋯⋯⋯

函數 $f(x) = -x^3 + 9x^2 + 6x - 3$ 的反曲點在哪裡呢?

解　要找反曲點，就要先找到二階導函數，要找二階導函數的步驟很簡單:

　1. 找出一階導函數 $\dfrac{d}{dx} f(x)$

　2. 對一階導函數微分 $\dfrac{d}{dx} f'(x)$

沒有辦法直接由 $f(x)$ 一個步驟就找到 $f''(x)$，知道嗎?

$$f(x) = -x^3 + 9x^2 + 6x - 3$$

$$f'(x) = \frac{d}{dx}f(x) = -3x^{3-1} + 9 \times 2x^{2-1} + 6 \times x^{1-1} - 0$$

$$= -3x^2 + 18x + 6$$

$$f''(x) = \frac{d}{dx}f'(x) = \boxed{\frac{d}{dx}(-3x^2 + 18x + 6)}$$

$$= -3 \times 2x^{2-1} + 18 \times x^{1-1} + 0$$

$$= -6x + 18$$

依照剛才的線索，反曲點發生在 $f''(x) = 0$ 或 $f''(x)$ 不存在的地方，那我們就一條一條的來看：

⑴ $f''(x) = 0$

$-6x + 18 = 0 \Rightarrow 6x = 18 \Rightarrow x = 3$

所以 $(3, f(3)) = (3, 69)$ 為反曲點候選人 1 號

⑵ $f''(x)$ 不存在

$-6x + 18$ 對所有 x 都存在，所以沒有任何候選人

為了確定 $x = 3$ 是不是「正港」的反曲點，我們可不能怕麻煩，還是要畫一個 x 軸與 $f''(x)$ 值的對應表：

$f''(x)$	上凹	下凹
$f'(x)$	+ + +	- - -

3

很清楚了吧？$x = 3$ 的確是上凹與下凹的分界點，所以點 $(3, 69)$ 為 $f(x)$ 的反曲點！

練 功 時 間

下面這幾個函數的反曲點在哪裡？

(a) $f(x) = 2x^2 + 5x - 3$

(b) $g(x) = x^3 - 2x^2 - x + 10$

(c) $f(x) = 2x^3 + 3x^2 - 5x + 60$

(d) $h(t) = \frac{1}{3}t^3$

相對極值的二階導函數檢定

現在你終於不得不承認，二階導函數是蠻重要的吧？而現在我還要為你介紹它的另外一個重要功能：協助你檢定相對極值。上一節我們跟你討論過同時使用臨界值與 x 軸相對 $f(x)$ 及 $f'(x)$ 值的表來檢定，不是嗎？二階導函數的引進，可以讓你省掉 x 軸相對 $f(x)$ 及 $f'(x)$ 的那張表，直接找出相對極值。不過說真的，有的函數一階導函數微分已經十分困難了，再從一階導函數微分會把人給逼瘋吧（如：分式，根號的函數啦……）。在遇到這種「尷尬」的情況時，我的建議是，用一個一階導函數檢定表來檢定就可以了！

定理 4-7　相對極值的二階導函數檢定

假設 c 是 $f(x)$ 的臨界值（提示：$f'(c)=0$ 或 $f'(c)$ 不存在），則

(a)若 $f''(c)>0$，則 $f(x)$ 在 $x=c$ 有相對極小值。

(b)若 $f''(c)<0$，則 $f(x)$ 在 $x=c$ 有相對極大值。

檢定失敗：若 $f''(c)=0$ 或 $f''(c)$ 不存在，則本檢定無結論！

上面這個檢定，你只要畫個圖，就知道為什麼了（圖 4-12）：

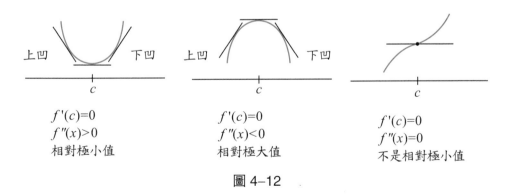

上凹　　　下凹　　　　上凹　　　下凹

c　　　　　　c　　　　　　c

$f'(c)=0$　　　　$f'(c)=0$　　　　$f'(c)=0$
$f''(x)>0$　　　$f''(x)<0$　　　$f''(x)=0$
相對極小值　　　相對極大值　　　不是相對極小值

圖 4-12

例 題 *4 – 16*　二階導函數檢定 ···

請找出函數 $f(x) = x^3 - 6x^2 + 7$ 的相對極值。

解 1. 先找出 $f(x)$ 的一階導函數

$$f'(x) = \frac{d}{dx}(x^3 - 6x^2 + 7) = (3x^{3-1} - 6 \times 2x^{2-1} + 0)$$

$$= 3x^2 - 12x$$

2. $f''(x) = \frac{d}{dx}f'(x) = \frac{d}{dx}(3x^2 - 12x) = 6x - 12$

3. 先找臨界值 $f'(x) = 0$

$$f'(x) = 3x^2 - 12x = 3x(x-4) \Rightarrow x = 0 \text{ 或 } 4$$

4. 二階導函數檢定

$$f''(x) = 6x - 12$$

$$f''(0) = 6 \times 0 - 12 = -12 < 0$$

$\therefore$ 所以 $x = 0$ 時 $f(x)$ 有相對極大值 $0^3 - 6 \times 0^2 + 7 = 7$

$$f''(4) = 6 \times 4 - 12 = 12 > 0$$

$\therefore$ 所以 $x = 4$ 時 $f(x)$ 有相對極小值 $4^3 - 6 \times 4^2 + 7 = -25$

練功時間

可以找出下面各函數的相對極值嗎？

(a) $f(x) = 3x^2 + 12x - 1$ 　　　　(b) $g(x) = 6 - 3x + x^3$

(c) $h(x) = 3 - 4x - 2x^2$ 　　　　(d) $m(x) = (x^2 - 4)^2$

1.

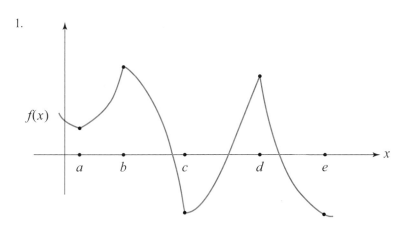

看完上面這個函數圖形，請問：

(a)那些區間上凹? 那些區間下凹?

(b)那些區間 $f(x)$ 遞增? 那些區間 $f(x)$ 遞減?

(c)那些點是相對極大值? 那些點是相對極小值?

2. 請求出下面各函數的

(1)臨界點　(2)遞增與遞減區間　(3)上凹、下凹區間　(4)反曲點　(5)相對極值

(a) $f(x) = -x^2 + 10x - 7$

(b) $g(x) = \dfrac{x-1}{x+1}$

(c) $h(x) = x + \dfrac{1}{x}$

(d) $m(x) = -8 + 7x + x^2$

(e) $n(x) = (x+1)(x-1)(x-2)$

(f) $G(x) = x^5 - 5x + 1$

(g) $F(x) = x^4 - 4x$

3. 將下面的所有函數微分，做出一階與二階導函數：

(a) $\dfrac{1}{4}x^4 - \dfrac{1}{3}x^3 + \dfrac{1}{2}x^2 + x - 1$

(b) $\dfrac{x^2-1}{x^2+1}$

(c) $\ln(x+1)$

(d) e^{x^2-2x+1}

(e) $4 - 6x^4 - 4x^6$ (f) $2x^5 - 8x^4 + x^3 - 3x^2 + 5x + 1$

4. 最大營收

大樹鄉農會的市調組發現，玉荷包荔枝的售價與消費者需求有以下的關係：

$$p(x) = 100 - 0.20x \qquad 0 < x < 500 \qquad (x：公噸，\ p：元／公斤)$$

(a) 玉荷包荔枝的總營收是多少元？（提示：注意 x 與 p 用的重量單位不同）

(b) 在售價每公斤多少元時，大樹鄉農會會有最大的營收？消費者在此時的需求又是多少？

4-5　導數在商業上的應用

既然大家都已經知道，導數代表著相對變化率，也知道我們可以利用導函數來檢定相對極值。那麼……，可想而知，導數在商業上的應用非常的廣泛。為什麼呢？因為

——商業的環境是時時變動的；

——商業是追求利潤極大化，成本極小化的。

現在我就要開始向各位介紹導數應用在商業上的重要領域囉！

邊際成本，邊際收益與邊際利潤

當各位研讀到這裡的時候，想必在經濟學的領域也略有斬獲了。有關「邊際成本」(marginal cost)、「邊際收益」(marginal revenue) 與「邊際利潤」(marginal profit) 等三個名詞，也早該略有耳聞了吧？所謂的「邊際」，就是每增加一單位產品的瞬時變化率。因此：

定義 4-9　邊際成本，邊際收益與邊際利潤

若 x 是在某時間內的產品數量，則

　　總成本 $= C(x)$

　　邊際成本 $= C'(x)$　（每增加單位產品所相對增加的成本）

　　總收益 $= R(x)$

　　邊際收益 $= R'(x)$　（每增加單位產品所相對增加的收益）

　　總利潤 $= P(x) = R(x) - C(x)$

　　邊際利潤 $= P'(x) = R'(x) - C'(x)$

　　　　（每增加單位產品所增加的利潤）

例 題 *4-17* 生產規劃 ··

三多電機公司的市調中心，經過新產品市場調查，發現新電視的消費者需求與價格呈現以下的函數關係：

$$x = 50,000 - 0.5p$$

x 代表消費者需求數量，p 則代表售價。

另一方面，會計部門送來了成本函數

$$C(x) = 4,000,000 + 4,000x$$

其中 4,000,000 是固定成本，而其他則是變動成本。則：

(a)求出邊際成本 $C'(x)$。

(b)求出總收益函數與邊際收益。

(c)求出總利潤函數與邊際利潤。

(d)在賣出多少單位新電視後，三多公司可獲得最大利潤？

解 (a)依照邊際成本的定義，

$$C'(x) = \frac{d}{dx}C(x) = 4,000$$

這代表每增產單位電視，三多公司增加 4,000 元成本。

(b)收益函數 $R(x)$，營收當然是售價×賣出台（需求）！由需求－價格函數

$$x = 50,000 - 0.5p \Rightarrow x - 50,000 = -0.5p$$

$$50,000 - x = 0.5p \Rightarrow p = \frac{50,000 - x}{0.5} = 100,000 - 2x$$

收益函數 $R(x) = p \times x = (100,000 - 2x) \times x = 100,000x - 2x^2$

邊際收益 $R'(x) = \frac{d}{dx}R(x) = 100,000 - 2 \cdot 2x^{2-1} = 100,000 - 4x$

也就是說當需求量 x 愈大，則每單位新電視所能增加的收益就愈少。

(c)假設總利潤函數以 $E(x)$ 表示，則

總利潤 $E(x) =$ 總收益 － 總成本

$$= (100,000x - 2x^2) - (4,000,000 + 4,000x)$$

$$= -2x^2 + 96,000x - 4,000,000$$

邊際利潤 $E'(x) = \dfrac{d}{dx}E(x) = -4x + 96{,}000$

可見每增加單位新電視所能增加的利潤，與需求量的增加成反比。

(d) $E(x)$ 的相對極大值

$$E(x) = -2x^2 + 96{,}000x - 4{,}000{,}000$$

⑴ $E(x)$ 的臨界值 $E'(x) = 0$

$$E'(x) = -4x + 96{,}000 = 0 \Rightarrow x = 24{,}000$$

⑵ $E(x)$ 的二階導函數

$$E''(x) = \frac{d}{dx}E'(x) = \frac{d}{dx}(-4x + 96{,}000) = -4 < 0$$

依照二階導函數檢定法，我們可知 $x = 24{,}000$（台）時，三多公司
有極大的利潤，

$$E(24{,}000) = -2 \times (24{,}000)^2 + 96{,}000 \times (24{,}000) - 4{,}000{,}000$$

$$= 1{,}148{,}000{,}000 \text{ 元}$$

即席思考

已知經濟學的另外三個名詞，定義如下：

邊際平均成本 (marginal average cost, MAC)

$$\overline{C}'(x) = \frac{d}{dx}\Big[\frac{C(x)}{x}\Big]$$

邊際平均收益 (marginal average revenue, MAR)

$$\overline{R}'(x) = \frac{d}{dx}\Big[\frac{R(x)}{x}\Big]$$

邊際平均利潤 (marginal average profit, MAP)

$$\overline{P}'(x) = \frac{d}{dx}\Big[\frac{P(x)}{x}\Big]$$

請以例題 4–17 的數字為例，求出以上三個函數。

需求彈性

在經濟學裡，大家都知道，需求與價格是呈反向的關係。產品價格愈高則消費者需求愈低。但是這種反向的關係，並不是每一種商品都一樣的。售價同樣是上漲 5%，如果是民生必需品，大家抱怨歸抱怨，該買的還是得買，所以對需求的負面影響比較沒那麼大；但如果是奢侈品價格上漲 5% 的話，可能許多人就嚇得裹足不前了。所以在經濟學上，我們把價格變動相對於需求變動的敏感度，定義為需求彈性 (demand elasticity)。

 **定義** 4-10　需求彈性

> 若 x 代表需求量，p 代表產品價格，則需求彈性 E 定義為
>
> $$E = -\frac{p}{x}\frac{dx}{dp}$$
>
> 若 $E = 0$ 則稱此需求為完全無彈性
>
> 　$E < 1$ 則稱此需求為缺乏彈性
>
> 　$E = 1$ 則稱此需求為單位彈性
>
> 　$E > 1$ 則稱此需求為富於彈性

特別注意：需求彈性 E 是正值，但是價格與需求的方向是相反的，所以 $\frac{dx}{dp}$ 一定是負的；而價格與需求不可能是負的，所以 $\frac{-p}{x}$ 為負，$(\frac{-p}{x}) \cdot \frac{dx}{dp} > 0$。現在你該知道為什麼需求彈性 E 會有一個負號了吧! 這樣 E 才會是個正數!

 例 題 *4-18*　需求彈性

假定需求函數是 $x = 1{,}000 - 5p$ 時，

(a)需求彈性為何?

(b)在商品價格 $p = 50$ 時的需求彈性為何?

(c)在商品價格 $p = 100$ 時的需求彈性為何?

(d)在哪個價格區間, 需求彈性為「富於彈性」呢?

解 (a)別忘了, 剛剛才學過需求彈性的定義 $E = -\dfrac{p}{x}\dfrac{dx}{dp}$

(1) $\dfrac{p}{x} = \dfrac{p}{1,000 - 5p}$

(2) $\dfrac{dx}{dp} = \dfrac{d}{dp}(1,000 - 5p)$ (這是對 p 微分, 不是對 x, 不要認錯對象喔)

$\qquad = 0 - 5 = -5$

所以 $E = -\dfrac{p}{x} \cdot \dfrac{dx}{dp} = -(\dfrac{p}{1,000 - 5p})(-5) = \dfrac{5p}{1,000 - 5p}$

(b) $E(50) = \dfrac{5 \times 50}{1,000 - 5 \times (50)} = \dfrac{250}{1,000 - 250} = \dfrac{250}{750} = \dfrac{1}{3}$

(價格上漲 1%, 需求下降 $\dfrac{1}{3}\%$)

(c) $E(100) = \dfrac{5 \times 100}{1,000 - 5 \times 100} = 1$ (價格上漲 1%, 需求下降 1%)

(d)「富於彈性」就是代表 $E > 1$, 因此

$$E = \dfrac{5p}{1,000 - 5p} > 1 \Rightarrow 5p > 1,000 - 5p$$

(不等號兩邊各乘以 $(1,000 - 5p)$, 因為 $1,000 - 5p = x$, 需求一定是正的, 所以不等號方向不變)

$$5p + 5p > 1,000 \Rightarrow p > 100$$

練功時間

已知需求函數是 $x = 100 - 2p$, 則

(a)需求彈性是多少呢?

(b)當商品價格 $p = 10$ 時需求彈性為多少?

(c)商品價格在多少時, 需求彈性等於 1 呢?

成本極小化

在例題 4-17 的最後一個小題，已經為你展示了導數在「利潤極大化」的應用，現在我們就簡單的討論一下成本的極小化問題吧！不過我要先偷偷的說，做法幾乎一樣，只是函數不同而已。

 例　題 *4-19*　生產成本

福茂黑瓜的財務部門呈上了公司的成本結構給你過目：

固定成本：500,000，變動成本：$\frac{1}{30}x^3 - 3x^2 + 100x$，$x$ 代表箱數。

(a)總成本函數 $C(x)$ 為何？

(b)產量在 30 箱時，總成本是多少？

(c)在產量為多少箱時，邊際成本會最小呢？

解　(a)總成本是固定成本與變動成本的總和

$$C(x) = 500,000 + \frac{1}{30}x^3 - 3x^2 + 100x$$

(b)產量為 30 箱，則 $x = 30$

$$C(30) = 500,000 + \frac{1}{30}(30)^3 - 3(30)^2 + 100(30) = 501,200 \text{ 元}$$

(c)邊際成本最小，所以我們要找邊際成本的極小值

(1)邊際成本 $\text{MC} = \frac{dC}{dx} = \frac{1}{10}x^2 - 6x + 100$

(2)先找邊際成本的臨界點

$$\frac{d\text{MC}}{dx} = 0 \Rightarrow \frac{1}{5}x - 6 = 0 \Rightarrow x = 30$$

(3)找邊際成本的二階導函數

$$\text{MC}''(x) = \frac{d}{dx}\text{MC}'(x) = \frac{1}{5} > 0$$

參考前面的「二階導數檢定法」，我們可以確定在產量 $x = 30$ 箱時邊際成本為最小。

已知喵喵仙貝的生產成本函數為:

$$C(x) = 100{,}000 + 150x - x^2 + 0.02x^3 \qquad x\text{: 箱數}$$

(a)喵喵仙貝的固定成本是多少? 變動成本呢?

(b)當喵喵仙貝的產量為 100 箱時, 它的總成本是多少?

(c)在產量多少箱時, 喵喵仙貝的邊際生產成本可以降到最低?

習 題 4-5

1. 嘟嘟寵物商店發現，某一品牌的貓砂需求量，跟它的價格有關，它們的關係是

$$p = 200 - 20 \ln x$$

p 代表價格，而 x 代表需求量（單位：袋）。假定貓砂的進貨成本是每袋 100 元，則嘟嘟寵物店想知道的是：

(a)貓砂的成本函數 $C(x) = ?$

(b)貓砂的收益函數 $R(x) = ?$

(c)當貓砂的銷售額為 100 袋時，嘟嘟的收益為多少？而成本又是多少？

(d)在貓砂賣出幾袋時，寵物店會獲得最大利潤？此時它的利潤是多少？

2. 承第一題：

(a)貓砂的邊際成本 $C'(x) = ?$

(b)貓砂的邊際收益 $R'(x) = ?$

(c)邊際利潤 $P'(x) = ?$

3. 假設可口奶酥的消費需求與它的售價呈現以下的關係：

$$x = 1{,}000 - e^{0.1p} \qquad 0 < p < 100$$

(a)需求彈性為何？

(b)在可口奶酥售價為 10 元時需求彈性為何？在售價為 20 元的時候呢？

5

反導數與積分

學習興奮度： ★★★★

學習困難度： ★★★★

研究所考試集中度： ★★★★★

開場白

當人們開始發現，這個世界的萬事萬物充滿了不確定性，處處都是風險的時候，機率統計學的出現，一點也不令人意外。機率與統計，一向是商學院學生的必修科目，因為它可以應用在太多地方了。從作業流程的品質管制開始，甚至到預測股價的走勢，都可以見到統計學的身影。舉個例子來說吧：

信西生技公司新開發了一種新的止痛劑藥丸，藥丸的重量當然是不可能每個都完全一樣啦！經過大量的測量之後，發現了一個有趣的現象：止痛藥的重量的分佈是大大有名的「常態分佈」。已知平均重量是 10 mg，標準差是 0.1 mg。而品管部門的規定是：重量在 9.95 mg 到 10.10 mg 之間的止痛藥才能出廠銷售。

請問：藥丸的合格出廠率是多少？

其實你想要知道的就是：藥丸重量介於 9.95 mg 到 10.10 mg 的「機率」是多少，對吧？用我們機率學上的術語來表示的話就是：假定變數 x 代表藥丸的重量，則 $p(9.95 \leq x \leq 10.10) = ?$

常態分佈的圖形是一個鐘型圖，請看圖 5–1。

已知這常態分佈的機率密度函數 (probability density function) $f(x)$ 是

$$f(x) = \frac{1}{0.1\sqrt{2\pi}} \times e^{-\frac{1}{2}(\frac{x-10}{0.1})^2} \quad -\infty < x < \infty$$

(對啦！就是那個 e 啦！$e = 2.718281828\cdots\cdots$)

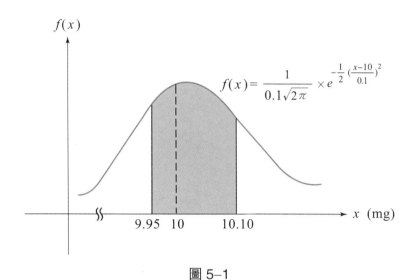

$$f(x) = \frac{1}{0.1\sqrt{2\pi}} \times e^{-\frac{1}{2}\left(\frac{x-10}{0.1}\right)^2}$$

圖 5–1

　　機率學告訴我們說：$p(9.95 \leq x \leq 10.10)$ 的機率等於 x 從 9.95 到 10.10，由 $f(x)$ 與 x 軸所圍成的面積（就是圖 5–1 的陰影面積）。

　　那這個面積怎麼算呢？「慘了，不論是正方形、長方形、三角形，甚至是圓形面積都難不倒我，但是像這種『不三不四』的曲線圖形的面積，該怎麼算？」身為公司品管部的主管，要告訴你的手下你不會算，真的是很丟臉的事哩！

　　只要你學過這一章，你的問題就會迎刃而解了！

5-1 不定積分

「積分居然可以用來計算曲面面積呀!」在你發出驚嘆聲的同時,從現在開始,你對微積分的第二個重要領域——積分,已經有了第一個印象。但是,你知道嗎? 積分的源起是簡單得出乎你意料之外,那就是「反導數」(anti-derivative) 的求法。

反導數

「導數我是知道的啦,那反導數是啥呀? 反對導數嗎?」面對你迫不及待的外行問題,我只能找個好例子來為你說明了。從最簡單的開始好了! 讓我先考考你:

若 $f(x) = x^2$,則 $f(x)$ 的導數是……?

「您也太小看我了,三兩下就告訴你答案!」

$$f'(x) = 2 \times x^{2-1} = 2x$$

對極了, $2x$ 是 x^2 的導數對不對? 那麼反過來說 x^2 就是 $2x$ 的反導數!

所以說反導數是導數的逆方向運算。一般來說,反向的思考都比較困難,所以說你應該在這個領域多花點心血練習。我們先來看看反導數的定義:

定義 5-1 反導數

> 如果有函數 $F(x)$,在函數 $f(x)$ 定義域裡的所有 x 值,都符合
>
> $$F'(x) = f(x)$$
>
> 那麼 $F(x)$ 就稱為 $f(x)$ 的反導數!

所以說，要找 $f(x)$ 的反導數，你的正確觀念應該是：

$f(x)$ 是已經微分之後的導函數，而你要找出它被微分前的原貌！

例 題 *5-1* 基本導數觀念

請證明 $F(x) = x^3 - 3x^2 + 8x - 51$ 是 $f(x) = 3x^2 - 6x + 8$ 的反導數。

證 我們只要能證明 $F'(x) = f(x)$ 就行了！

$$F'(x) = \frac{d}{dx}F(x) = \frac{d}{dx}(x^3 - 3x^2 + 8x - 51)$$

$$= 3x^{3-1} - 3 \times 2x^{2-1} + 8 \times 1x^{1-1} + 0$$

$$= 3x^2 - 6x + 8 = f(x)$$

$F(x)$ 的確是 $f(x)$ 的反導數！

練 功 時 間

該你啦！請證明以下 $F(x)$ 是 $f(x)$ 的反導數：

(a) $F(x) = \frac{1}{2}x^2$ $f(x) = x$

(b) $F(x) = \frac{1}{2}x^2 + 5$ $f(x) = x$

(c) $F(x) = \frac{1}{2}x^2 + 1{,}000$ $f(x) = x$

(d) $F(x) = x^4 + x^3 + x^2 + x + 1$ $f(x) = 4x^3 + 3x^2 + 2x + 1$

反導數的通用形式

喂！剛才的練功時間，我可不是隨便亂出的。是不是已經被你觀察到一個很有趣的現象了呢？

「對啊，我發現(a)(b)(c)三個小題 $F(x)$ 的常數項雖然都不一樣，但是它們的導數都是 $f(x)$。」

很正確！換句話說，$f(x) = x$ 的反導數有無限多個！

$$F(x) = \frac{1}{2}x^2 - 1$$

$$F(x) = \frac{1}{2}x^2 + 1{,}000{,}000$$

$$F(x) = \frac{1}{2}x^2 - 3.14159$$

$$\vdots$$

無論常數項再怎麼變，$F'(x) = f(x)$ 對不對？因為常數項的微分是 0!

　　為了方便起見，我們用 c 來代表任意的常數項。這就是我想告訴你的重點！

定理 5-1　反導數的基本特質

若 $F(x)$ 是連續函數 $f(x)$ 的反導數，則 $f(x)$ 也同時有其他反導數：

$$H(x) = F(x) + c \quad 其中 c 為常數$$

　　圖 5-2 是一些 $f(x) = x$ 的反導數的圖形。看到了嗎？這是一個系列。完全一樣的圖形，只是上下的位置不同而已。在相同的 x 值 $x = a$，它們都具有相同的斜率 $f'(a)$!

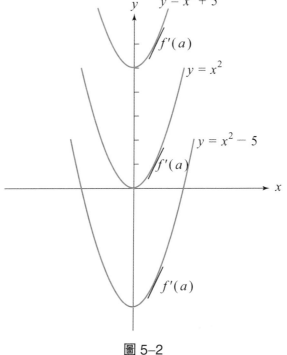

圖 5-2

不定積分 (the indefinite integral)

終於到了你所熟悉的積分符號粉墨登場的時候了。凡是全部符合 $f(x)$ 反導數的一系列函數 $H(x) = F(x) + c$，我們用一個特別的符號表示：

$$\int f(x)dx = F(x) + c$$

$\int$ 這個符號我們稱為積分符號。還有，請特別注意 dx 這個符號，它代表這個積分是專門針對 x 這個變數來做的。以剛才的例子來看好了，如果 $f(x) = x$，則

$$\int xdx = \frac{1}{2}x^2 + c$$

一般函數的積分

我相信以你的聰明才智，應該已經大略抓到積分的基本概念了，而現在我們將更深入的探討積分的運算。等一下你看到的定理，將對你的積分功力有很大的助益！

 定理 5-2　　不定積分的性質

若 c 是常數，則

1. $\int kdx = kx + c$　（此處 k 為常數）

2. $\int x^n dx = \dfrac{x^{n+1}}{n+1} + c$　（n 是不等於 -1 的所有實數）

3. $\int kf(x)dx = k\int f(x)dx$

　　（這裡 k 也是常數，$f(x)$ 是任意函數都可以）

4. $\int [f(x) \pm g(x)]dx = \int f(x)dx \pm \int g(x)dx$

注意!!

不定積分性質 3：$\int kf(x)dx = k\int f(x)dx$ 的這個 k，因為積分後面是 dx，

所以只要 k 裡面沒有 x 這個變數都可以提出來視為常數。如

$$\int 2xdx = 2\int xdx, \quad \int uxdx = u\int xdx$$

但如果 k 帶有 x 變數就不可以這麼做了。如

$$\int x^2dx \neq x\int xdx$$

例 題 *5-2* 利用不定積分性質積分 ······························

(a) $\int 2dx$　　(b) $\int x^3dx$　　(c) $\int 3x^2dx$　　(d) $\int (x^2+3x-1)dx$

解　(a) $\int \boxed{2}dx = \boxed{2x} + c$　（性質 1）

(b) $\int \boxed{x^3}dx = \boxed{\dfrac{x^{3+1}}{3+1}} + c$　（性質 2）

$\qquad = \dfrac{1}{4}x^4 + c$

(c) $\int \boxed{3x^2}dx = \boxed{3}\int x^2dx$　（性質 3）

$\qquad = 3 \times \boxed{\dfrac{x^{2+1}}{2+1}} + c$　（性質 2）

$\qquad = 3 \times \dfrac{1}{3}x^3 + c = x^3 + c$

(d) $\int \boxed{(x^2+3x-1)}dx = \int \boxed{x^2}dx + \int \boxed{3x}dx - \int \boxed{1}dx$　（性質 4）

$\qquad = \int x^2dx + \boxed{3}\int xdx - \int 1dx$　（性質 3）

$\qquad = \boxed{\dfrac{x^{2+1}}{2+1}} + 3 \times \boxed{\dfrac{x^{1+1}}{1+1}} - \boxed{1 \times x} + c$　（性質 2, 性質 1）

$\qquad = \dfrac{1}{3}x^3 + \dfrac{3}{2}x^2 - x + c$

練 功 時 間

手癢了嗎? 換你來找出下面的不定積分:

(a) $\int 10dx$　　　　　　　　　　(b) $\int t^{10}dt$

(c) $\int t^{\frac{3}{2}}dt$　　　　　　　　　　(d) $\int \frac{4}{5}a^2da$

(e) $\int (u^2 + u^{\frac{1}{2}} - 3u - 1)du$　　　　(f) $\int 8\sqrt[4]{w^5}dw$

指數與對數函數的反導數

　　在第 4 章中, 大夥兒熱熱鬧鬧的討論了連續複利的事, 接下來又知道了以 e 為底的指數函數、自然對數函數 ($\ln x$, 別忘了!), 最後討論了它們的導函數。既然都已經深入「敵境」到這個地步了, 不討論它們的反導數一定會讓你覺得意猶未盡哩!

　　我記得在討論它們的導函數時告訴過大家,「它們是出乎意料之外的簡單」, 所以說它們的不定積分也是相當簡易的。因為

$$\frac{d}{dx}e^x = e^x \quad (e^x \text{ 是由 } e^x \text{ 微分而來的})$$

所以　　　$\int e^x dx = e^x + c \Rightarrow \int e^{kx}dx = \frac{1}{k}e^{kx} + c$　　(指對數積分性質 1)

另一方面呢,

$$\frac{d}{dx}\ln|x| = \frac{d}{dx}\ln x = \frac{1}{x} \quad x > 0 \quad (\frac{1}{x} \text{ 是由 } \ln x \text{ 微分而來的})$$

$$\frac{d}{dx}\ln|x| = \frac{d}{dx}\ln(-x) = \frac{1}{-x} \cdot \frac{d(-x)}{dx}$$

$$= \frac{1}{-x} \cdot (-1) = \frac{1}{x} \quad x < 0 \quad (\text{還記得連鎖律嗎?})$$

因此　　　$\int \frac{1}{x}dx = \ln|x| + c$　　(指對數積分性質 2)

📝 例 題 *5 - 3*　指數與對數函數的積分 ┄┄┄┄┄┄┄┄┄┄┄┄┄┄┄┄┄

(a) $\int e^{2x} dx$　　　　　　　　　　　(b) $\dfrac{3}{x}$

(c) $\int (2e^x + \dfrac{5}{x}) dx$　　　　　　(d) $\int (4e^{-2x} + x^2 - \dfrac{1}{x}) dx$

解　(a) $\int \boxed{e^{2x}} dx = \boxed{\dfrac{1}{2} e^{2x}} + c$　（指對數積分性質 1）

　　(b) $\int \boxed{\dfrac{3}{x}} dx = \boxed{3} \int \boxed{\dfrac{1}{x}} dx$　（不定積分性質 3）

　　　　$= 3 \times \boxed{\ln|x|} + c$　（指對數積分性質 2）

　　　　$= 3\ln|x| + c$

　　(c) $\int \boxed{(2e^x + \dfrac{5}{x})} dx = \int \boxed{2e^x} dx + \int \boxed{\dfrac{5}{x}} dx$　（不定積分性質 4）

　　　　　　$= 2 \int \boxed{e^x} dx + 5 \int \boxed{\dfrac{1}{x}} dx$　（不定積分性質 3）

　　　　　　$= 2e^x + 5\ln|x| + c$　（指對數積分性質）

　　(d) $\int \boxed{(4e^{-2x} + x^2 - \dfrac{1}{x})} dx$

　　　$= \int 4e^{-2x} dx + \int \boxed{x^2} dx - \int \dfrac{1}{x} dx$　（不定積分性質 4）

　　　$= 4 \times \dfrac{1}{-2} e^{-2x} + \boxed{\dfrac{x^{2+1}}{2+1}} - \ln|x| + c$

　　　$= -2e^{-2x} + \dfrac{1}{3} x^3 - \ln|x| + c$

┄┄

練 功 時 間

又該輪到你表現一下啦！

(a) $\int e^{-5x} dx$　　(b) $\int (3e^{3x} - \dfrac{5}{x^2} + \dfrac{2}{x}) dx$

即 席 思 考 ....

要不要試試看下面的不定積分？看起來好像很難，但是觀念通了就很簡單！

(a) $\int [f'(x)g(x) + f(x)g'(x)]dx = ?$

(b) $\int [\dfrac{f'(x)g(x) - f(x)g'(x)}{g^2(x)}]dx = ?$

習 題 5-1

1. 請找出下列的不定積分：

(a) $\int 100\,dx$

(b) $\int e\,dx$

(c) $\int x^4\,dx$

(d) $\int x^{100}\,dx$

(e) $\int (4u^3 - 2u + 5)\,du$

(f) $\int (2 - 5x + 4x^3)\,dx$

(g) $\int (e^x + 2x)\,dx$

(h) $\int (2e^{2t} + \dfrac{5}{t^3} - \dfrac{3}{t})\,dt$

(i) $\int (\dfrac{3x^3 + 2x}{x})\,dx$

(j) $\int 15r^2\,dr$

2. 下面兩個圖形，哪一個代表 $f(x) = x^2$ 的反導數？並說明你的理由？

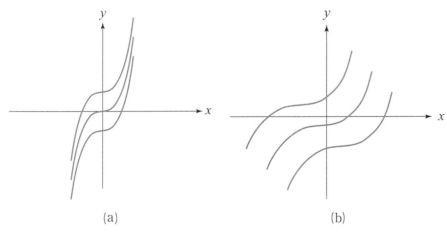

(a)   (b)

3. 對一個函數來說，它有無窮多的反導數：

$$\int F'(x)\,dx = F(x) + c$$

不過如果再添加一個條件的話，這個函數的反導數就只有獨一無二的一個，請找出這一個反導數 $\int F'(x)\,dx$。

(a) $F(x) = x^2$ $F(0) = 3$

(b) $F(x) = 2x^2 + x - 5$ $F(1) = 4$

(c) $F(x) = e^x - \dfrac{1}{x^5}$ $F(3) = 8 + e^2$

(d) $F(x) = \dfrac{1}{x} + \dfrac{3x^2 + x}{x}$ $F(-1) = 5$

5-2　變數代換法

好不容易唸完了上一節的教材，可能你會有鬆了一口氣的感覺，沒有想像中的那麼可怕嘛！但是……不得不跟你說清楚講明白，那就是……好戲還在後頭！許多更加艱難，可能會令你喪失鬥志的問題，需要藉助一些特殊的方法來協助你積分。而這些就是我們現在所要加強的。

「奇怪，這個語氣聽起來好耳熟，似乎是在那裡聽過一樣？」可不是嗎？請你翻回去到 3–3 節，你就會發現到我非常相似的「訓話」內容了！在我們微分的學習過程中，「連鎖律」的確提供了很強的助力，而在這裡連鎖律的應用又要大為活躍了！在變數代換法 (integration by substitution)，連鎖律扮演了吃重的角色！

閒話少說，先來一個例題讓你有些基本的認識。先看看下面這個不定積分：

$$\int x^5 dx$$

這麼簡單的問題，相信你閉著眼睛都作得出來，

$$\int x^5 dx = \frac{x^{5+1}}{5+1} + c = \frac{1}{6}x^6 + c$$

好，再問你一個 5 次方的積分問題

$$\int (2x+5)^5 dx$$

又是如何呢？你有兩條路可以選擇：

　1. 把 $(2x+5)^5$ 乘開來，然後再利用不定積分性質，一項一項的積起來。

　　吃力不討好，我看你會瘋掉！

　2. 利用變數代換法，省力又方便！

這樣有沒有引起了你的興趣了呢？

重回連鎖律

連鎖律，多麼重要的公式！你還記得嗎？

$$\frac{d}{dx}f[g(x)] = \frac{dg}{dx} \times \frac{df}{dg} = g'(x) \times f'[g(x)]$$

接下來你還要複習上一節 (5–1) 的內容。反導數的定義告訴我們：

若 $F'(x) = f(x)$，則

$$\int f(x)dx = F(x) + c$$

如果 $F(x) = f[g(x)]$，則

$$F'(x) = \frac{d}{dx}\boxed{f[g(x)]} = \frac{dg(x)}{dx} \times \frac{df[g(x)]}{dg(x)} \quad （連鎖律）$$

$$= g'(x) \times f'[g(x)]$$

所以說

$$\int f(x)dx = \int f'[g(x)] \times g'(x)dx = \boxed{F(x)} + c = \boxed{f[g(x)]} + c$$

定理 5–3　　連鎖律的積分形式

若 g 是一個以 x 為變數的可微分函數 $g(x)$，而 f 則是以 $g(x)$ 為變數的可微分函數 $f[g(x)]$，則

$$\int f'[g(x)]\frac{dg(x)}{dx} \times dx = \int f'[g(x)]dg(x) = f[g(x)] + c$$

例　題 5–4　　學習逆推連鎖律 ....

請問下列函數中，那一個的反導數是 e^{x^2+1}？

(a) $2xe^{x^2+1}$ 　　　(b) $x^2 e^{x^2+1}$ 　　　(c) xe^{x^2+1}

解 要是仿照剛才的方法，這一題問的是：

$$\int ?dx = f[g(x)] + c = e^{x^2+1} + c$$

$$\therefore f[g(x)] = e^{x^2+1}$$

我們可以很輕易的分辨出採用

$$g(x) = x^2 + 1 \qquad f[g(x)] = e^{g(x)}$$

是最方便的方法。

接著我們就可以把「連鎖律的積分形式」用進來：

$$f[g(x)] + c = \int f'[g(x)] \times g'(x)dx$$

$$= \int [\frac{d}{dg(x)}(e^{g(x)}) \times \frac{d}{dx}(x^2 + 1)]dx$$

$$= \int [e^{g(x)} \times (2x^{2-1} + 0)]dx = \int 2xe^{x^2+1}dx$$

所以 $2xe^{x^2+1}$ 的反導數才是 e^{x^2+1}，答案是(a)。

練 功 時 間

(a) e^{2x^2-1} 是那個函數的反導數？

(b) e^{3x} 是那個函數的反導數？

(c) $\dfrac{1}{x^2 + 1}$ 是那個函數的反導數？

變數轉換

在剛才的「連鎖律的積分形式」，你可以發現

$$\int f'[g(x)] \times (\frac{d}{dx}g(x))dx = f[g(x)] + c$$

其中的

$$f'[g(x)] = \frac{d}{dg(x)}f[g(x)]$$

很自然的，有人就想到，這樣子的作法是不是太麻煩了？既然積分符號內的 f 是以 $g(x)$ 為變數的函數，所以不能直接用 x 變數來積分；如果積分式的後面不是 (dx)，而是 $(dg(x))$，那麼這個積分的作法就跟一般的積分作法一樣了不是嗎？

是的，注意到上式的後半部了嗎？

$$(\frac{d}{dx}g(x))dx$$

我們如果把微分符號 $\dfrac{dg(x)}{dx}$ 當成一般的分式看待，則

$$\frac{dg(x)}{dx} \times dx = dg(x)$$

所以

$$\int f'[g(x)](\frac{dg(x)}{dx}) \times dx = \int f'[g(x)](dg(x))$$

你可以用一般積分的方法了！

看了一大堆數學式，有點昏了是不是？馬上舉個例題澄清你的觀念：

 例 題 $5-5$　如何求 $dg(x)$？

若 $g(x) =$　(a) x^2　(b) $5x^3$　(c) $\dfrac{1}{x+1}$

則 $dg(x) = ?$

解　剛剛不是教過你嗎？

$$\frac{dg(x)}{dx} \times dx = dg(x)$$

所以找 $dg(x)$ 真的很簡單，步驟是這樣的：

(1) 找出 $\dfrac{dg(x)}{dx}$

(2) $\dfrac{dg(x)}{dx}$ 再乘以 (dx) 就可以了！

(a) $g(x) = x^2$

$$\frac{dg(x)}{dx} = \frac{d}{dx}(x^2) = 2x$$

$$dg(x) = (\frac{dg(x)}{dx}) \times dx = 2x\,dx$$

(b) $g(x) = 5x^3$

$$\frac{dg(x)}{dx} = \frac{d}{dx}(5x^3) = 5 \times 3x^{3-1} = 15x^2$$

$$dg(x) = 15x^2\,dx$$

(c) $g(x) = \frac{1}{x+1}$

$$\frac{dg(x)}{dx} = \frac{\frac{d}{dx}(1)(x+1) - 1 \times \frac{d}{dx}(x+1)}{(x+1)^2} = \frac{-1}{(x+1)^2}$$

$$dg(x) = \frac{dg(x)}{dx} \times dx = \frac{-1}{(x+1)^2}\,dx$$

練功時間

已知 $g(x) =$ (a) $3x$ (b) $8x^7$ (c) $\ln x$

則 $dg(x) = ?$

變數代換法

一切的準備工作都完成啦!下一步要與大家分享的是變數代換法的流程:

1. 慎選出你的 $g(x)$,這個 $g(x)$ 不但要能簡化你的積分式內容,最重要的是,你也能同時在積分式內找到 $dg(x)$ 的成分。

2. 把原來積分式中所有的式子,從原來由 x 變數所組成,完全改寫成以 $g(x)$ 與 $dg(x)$ 來表示,積分式就變成 $\int f[g(x)](dg(x))$。

3. 以 5-1 所學的不定積分性質來解 $\int f[g(x)](dg(x))$。

4. 別忘了,流程 3 的結果是以 $g(x)$ 表示的。你還要將它還原成以 x 來表示。

這些流程就用下面的例題來解釋一下：

例 題 *5-6* 變數代換法初級篇

請求出： (a) $\int (x+10)^5 dx$ (b) $\int e^{x+1} dx$

解 (a)(1)這一題的 $g(x)$，我看也別無選擇：

$$g(x) = x + 10 \qquad f[g(x)] = [g(x)]^5$$

$$dg(x) = \frac{dg(x)}{dx} \times dx = 1 \times dx = dx$$

(2)原來的積分式不是以變數 x 來表示的嗎？現在我們用 $g(x)$ 來表示：

$$\int (x+10)^5 dx = \int g^5 \, dg \qquad (dx = dg(x))$$

(3)以不定積分性質 2 來看

$$\int g^5 dg = \frac{g^6}{5+1} + c = \frac{1}{6} g^6 + c$$

(4)題目問的是以 x 表示，可不是用 g 來表示，所以你得還原回來：

$$\frac{1}{6} g^6(x) + c = \frac{1}{6} (x+10)^6 + c$$

(b)(1) $g(x) = x+1$，我相信大家不會有異議吧？

$$g(x) = x + 1 \qquad f[g(x)] = e^{g(x)}$$

$$dg(x) = \frac{dg(x)}{dx} \times dx = dx$$

(2)以 g 與 dg 來表示

$$\int e^{x+1} dx = \int e^g \, dg$$

(3)這個不定積分很容易吧？

$$\int e^g dg = e^g + c$$

(4)把 g 還原回以 x 表示

$$e^g + c = e^{x+1} + c$$

練功時間

請計算下列不定積分：

(a) $\displaystyle\int (x-4)^{20}dx$　　　　(b) $\displaystyle\int e^{x-8}dx$　　　(c) $\displaystyle\int \frac{1}{x+5}dx$

例 題 5-7　進階的變數代換法

(a) $\displaystyle\int (2x+5)^7 dx$

(b) $\displaystyle\int (x^2-4x+3)^4(x-2)dx$

(c) $\displaystyle\int (e^{t^3})(3t^2)dt$

(d) $\displaystyle\int \frac{3x^2+4x-3}{x^3+2x^2-3x+1}dx$

解　(a)(1) $g(x)=2x+5$　　$f[g(x)]=[g(x)]^7$

$$dg(x)=\frac{dg(x)}{dx}\times dx=2dx$$

(2)我們要改成用 $g(x)$ 來表示積分了：

$$\int (2x+5)^7 dx=\int [g(x)]^7 dg(x)\quad （??? 你錯了！）$$

別忘了只有 dx 是不夠的，要 $2dx$ 才等於 $dg(x)$。

好，那我們該怎麼把 dx 弄成 $2dx$？

「乘以 2 不就得了？」但是只乘以 2，你的積分會變成原來的 2 倍：

$$\int (2x+5)^7(2dx)=\int 2(2x+5)^7 dx=\boxed{2}\int (2x+5)^7 dx$$

看吧！所以當你在「湊出」$(2dx)$ 也就是 $g(x)$ 的同時，你必須在積

分符號外同時乘以 $\dfrac{1}{2}$，這樣才是原來的積分式：

$$\int (2x+5)^7 dx=\boxed{\frac{1}{2}}\int (2x+5)^7 \boxed{(2dx)}=\boxed{\frac{1}{2}\int g^7(x)dg(x)}$$

(3)開始不定積分

$$\frac{1}{2}\int g^7(x)dg(x)=\frac{1}{2}\times\frac{g^{7+1}(x)}{7+1}+c=\frac{1}{2}\times\frac{1}{8}g^8(x)+c$$

$$= \frac{1}{16}g^8(x) + c$$

(4)將 $g(x)$ 還原為 x

$$\frac{1}{16}g^8(x) + c = \frac{1}{16}(2x + 5)^8 + c$$

(b)(1) $g(x)$ 該取 $(x^2 - 4x + 3)$ 還是 $(x - 2)$ 呢?

當然是取比較麻煩的 $(x^2 - 4x + 3)$! 因為積分式中 $(x^2 - 4x + 3)$ 是 4 次方呢!

$$g(x) = (x^2 - 4x + 3) \qquad f[g(x)] = g^4(x)$$

$$dg(x) = \frac{dg(x)}{dx} \times dx = (\frac{d}{dx}(x^2 - 4x + 3))(dx)$$

$$= (2x - 4)(dx) = 2(x - 2)dx$$

(2) $\int (x^2 - 4x + 3)^4 (x - 2)dx = \boxed{\frac{1}{2}} \int [(x^2 - 4x + 3)^4] \underbrace{\boxed{[2(x - 2)dx]}}_{dg(x)}$

$$= \frac{1}{2}\int g^4(x) dg(x)$$

(3) $\frac{1}{2}\int g^4(x) dg(x) = \frac{1}{2} \times \frac{g^{4+1}(x)}{4 + 1} + c = \frac{1}{2} \times \frac{1}{5}g^5(x) + c$

$$= \frac{1}{10}g^5(x) + c$$

(4) $\frac{1}{10}g^5(x) + c = \frac{1}{10}(x^2 - 4x + 3)^5 + c$

(c)(1)選 $g(t) = t^3 \qquad f[g(t)] = e^{g(t)}$

$$dg(t) = \frac{dg(t)}{dt} \times (dt) = (\frac{dt^3}{dt})(dt) = (3t^2)(dt)$$

(2) $\int e^{t^3}(3t^2)dt = \int e^{t^3}\boxed{(3t^2 dt)} = \int e^{g(t)}\boxed{dg(t)}$

(3) $\int e^{g(t)} dg(t) = e^{g(t)} + c$

(4) $e^{g(t)} + c = e^{t^3} + c$

(d)(1)分子、分母都是 1 次方,那該如何挑 $g(x)$ 呢?

一般的原則是: 找最大次方比較高的多項式!

$$取\ g(x) = x^3 + 2x^2 - 3x + 1 \qquad f[g(x)] = \frac{1}{g(x)}$$

$$dg(x) = \frac{dg(x)}{dx} \times dx = [\frac{d}{dx}(x^3 + 2x^2 - 3x + 1)](dx)$$

$$= (3x^{3-1} + 2 \times 2x^{2-1} - 3 + 0)(dx)$$

$$= (3x^2 + 4x - 3)(dx)$$

(2) $\displaystyle\int \frac{3x^2 + 4x - 3}{x^3 + 2x^2 - 3x + 1} dx = \int \frac{1}{x^3 + 2x^2 - 3x + 1} \underbrace{[(3x^2 + 4x - 3)dx]}_{dg(x)}$

$$= \int \frac{1}{g(x)} dg(x)$$

(3) $\displaystyle\int \frac{1}{g} dg(x) = \ln|g(x)| + c$

(4) $\ln|g(x)| + c = \ln|x^3 + 2x^2 - 3x + 1| + c$

練功時間

積分下面幾道「難題」：

(a) $\displaystyle\int e^{-3x} dx$

(b) $\displaystyle\int \frac{x}{x^2 - 9} dx$

(c) $\displaystyle\int \frac{x+1}{x^2 + 2x - 1} dx$

(d) $\displaystyle\int x(x^2 - 3)^{10} dx$

(e) $\displaystyle\int (3x^2 + 2x - 1)e^{(x^3 + x^2 - x + 4)} dx$

即席思考

你已經發覺了吧？變數代換法真的是太方便了！但是它有一個致命的缺點，那就是 $dg(x)$ 的問題。如果積分式內找不到任何可以與 (dx) 湊成 $(dg(x))$ 的式子，那麼變數代換法就無用武之地。例如說，請告訴我：

$$\int (x^2 + 3x - 2)^5 dx \qquad 為何無法使用變數代換法？$$

$$\int e^{x^3 - 1} dx \qquad\qquad 為何無法使用變數代換法？$$

習 題 5-2

1. 請找出下列不定積分：

(a) $\int (x+1)^{20}dx$

(b) $\int \frac{1}{(x-3)^{10}}dx$

(c) $\int e^{2x+1}dx$

(d) $\int \frac{1}{30-2x}dx$

(e) $\int \frac{2t}{(t^2-4)^3}dt$

(f) $\int \frac{x-1}{3-2x+x^2}dx$

(g) $\int (e^x+4x)(e^x+4)dx$

(h) $\int (x^3+2x^2-3)(3x^2+4x)dx$

(i) $\int (3-e^{-x})e^{-x}dx$

(j) $\int (3x^2-8x+4)e^{x^3-4x^2+4x-5}dx$

2. 成本函數

已知亞洲光學製造一台數位相機的邊際成本是

$$c'(x)=5,000+\frac{10,000}{x+5}$$

又，固定成本為 10,000,000 元，則亞洲光學製造數位相機的總成本為何？

3. 其他積分：

(a) $\int \sqrt{2x+3}\,dx$

(b) $\int (\sqrt{x^2+2x-1})(2x+2)dx$

(c) $\int \frac{(\ln x)^{10}}{x}dx$

5–3　分部積分法　

在詳讀過上一節的內容之後，你的積分功力一定會大為增強了！但是事實上這樣的水準還是可以進一步增強的。舉個例來說吧：

$$\int xe^x dx$$

不用說，你的第一個反應一定是假設 $g(x) = x$

$$f[g(x)] = xe^{g(x)}$$

$$dg(x) = (\frac{dg(x)}{dx})(dx) = 1(dx)$$

所以

$$\int xe^x dx = \int xe^{g(x)} dg(x) \cdots ???$$

在上一節我們最害怕的是找不到足夠的要素來湊出 $(dg(x))$，但現在的情況完全倒過來了，我們多出了個 x！別告訴我你想試試下面的作法：

$$x\int e^{g(x)} dg(x) = xe^{g(x)} + c \quad （大錯特錯了！）$$

原因是：x 並不是常數，所以不可以使用不定積分性質 3。

$$(\int kf(x)dx = k\int f(x)dx)$$

看到這裡，我們應該可以達成共識：為了要把那個令人討厭的 x 給「作掉」，有必要引進新的積分方法，那就是 —— 分部積分 (integration by parts)。

分部積分的原理

與變數代換法十分類似，分部積分的起源也是微分的一種性質，但：

變數代換法所應用的是「連鎖律」，而分部積分則是應用「導函數的乘法律」。

先容我把公式寫出來，再慢慢的為你導覽吧！

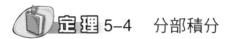 **定理** 5-4　分部積分

> 若函數 $f(x)$ 與 $g(x)$ 都是可微分函數，則
>
> $$\int f(x)g'(x)dx = f(x)g(x) - \int f'(x)g(x)dx$$

好，現在請你把導函數的乘法律拿出來複習一下：

$$\frac{d}{dx}(f(x)g(x)) = f'(x)g(x) + f(x)g'(x)$$

咦？還真的有點像呢！

既然等號的左右兩邊是相等的式子，那麼它們的積分也應該相等才對

$$\Rightarrow \int [\frac{d}{dx}(f(x)g(x))]dx = \int [f'(x)g(x) + f(x)g'(x)]dx$$

$$\Rightarrow \int [\frac{d}{dx}(f(x)g(x))]dx = \int [f'(x)g(x)]dx + \int [f(x)g'(x)]dx$$

（不定積分性質 4）

$$\Rightarrow \underset{①}{f(x)g(x)} = \underset{②}{\int [f'(x)g(x)]dx} + \underset{③}{\int [f(x)g'(x)]dx}$$

將等號兩邊的①項與③項對調，就得到分部積分公式了：

$$\int f(x)g'(x)dx = f(x)g(x) - \int f'(x)g(x)dx$$

你現在「大概」知道有分部積分這一回事了吧？不過我們該怎麼運用它呢？讓我先把分部積分程序一步一步的寫出來，然後馬上為你舉一個範例，就會很清楚了。

分部積分程序

1. 辨別出這個積分是不是適用分部積分。

因為是導函數乘法律的延伸，因此「被積分的函數必須可以被分解成兩個函數的乘積才可以使用分部積分」，而這兩個函數分別由 $f(x)$ 與 $g'(x)$ 代

表。

例： 我們就用 $\int xe^x dx$ 來作範例好了。看起來似乎可以分部積分，因為被積分的函數是 xe^x，它可以被分解成 x 與 e^x。現在的問題是，那一個是 $f(x)$？那一個是 $g'(x)$？

2.選擇 $f(x)$ 與 $g'(x)$。

看到分部積分的結果了嗎？（等號右邊）要完成分部積分，你必須要找出 $f'(x)$ 與 $g(x)$，這也就是暗示說：

(a)你所選擇的 $f(x)$ 會進行微分的程序（因為有 $f'(x)$ 的出現!）

(b)你所選擇的 $g'(x)$ 會進行積分的程序（因為有 $g(x)$ 的出現!）

對 x 微分的過程會降低 x 變數的次方數，如 $\dfrac{d}{dx}x^3 = 3x^2$（x 次方由 3 降至 2），而積分過程會增加 x 變數的次方數，如 $\int x^2 dx = \dfrac{x^3}{3} + c$（$x$ 次方由 2 增加到 3）。

現在你就要好好的問自己了，這一節剛開始時我們討論過「分部積分的目的，是在把積分式內多餘或次方過高的 x 變數降低次方」，也就是說 $f(x)$ 與 $g'(x)$ 的選取標準大約是：

(a) $f(x)$ 是我們想要降低次方或去掉的函數。

　　如： $\dfrac{d}{dx}(x^3) \to x^2,\ \dfrac{d}{dx}(x) \to 1,\ \dfrac{d}{dx}(\ln x) \to \dfrac{1}{x}$

(b) $g'(x)$ 是即使積分也不會增加積分的複雜性。

　　如： $\int e^x \to e^x$

例： 從剛才的 $\int xe^x dx$，你已經找到你的 $f(x)$ 與 $g'(x)$ 了嗎？ 是的，

$$f(x) = x \qquad g'(x) = e^x$$

3.從分部積分的公式來看，你還要找出 $f'(x)$ 與 $g(x)$。

例： 延續上例

$$f(x) = x \implies f'(x) = \frac{df(x)}{dx} = 1$$

$$g'(x) = e^x \implies g(x) = \int e^x dx = e^x + c \quad \text{（這裡的常數 } c \text{ 我們省略）}$$

4. 把所有的東西湊在一起就可以了！

例：延續上例

$$\int f(x)g'(x)dx = f(x)g(x) - \int f'(x)g(x)dx$$

$$= \underbrace{(x)}_{f(x)} \underbrace{(e^x)}_{g(x)} - \int \underbrace{(1)}_{f'(x)} \underbrace{(e^x)}_{g(x)} dx$$

$$= xe^x - \int e^x dx$$

$$= xe^x - e^x + c \quad (\int e^x dx = e^x + c)$$

請依照剛才的步驟，完成下列的分部積分：

(a) $\int 2xe^x dx$ (b) $\int xe^{3x} dx$

分部積分與變數代換法的結合

希望你已經漸漸抓住分部積分的訣竅了。到底該如何選擇正確的 $f(x)$ 與 $g'(x)$，是分部積分成功的最關鍵因素。不瞞你說，這要靠經驗；而且即使有經驗，在作分部積分時也常可能選錯 $f(x)$ 與 $g'(x)$，必須要一試再試。經驗與耐性，再加上冷靜的思考，是很重要的。

例 題 5-8　分部積分＋變數代換 ·················

請作出下列不定積分：

(a) $\int (x+2)\sqrt{x-3}\, dx$ (b) $\int x(2x+1)^5 dx$

解 (a) $\int (x+2)\sqrt{x-3}\,dx = \int (x\sqrt{x-3} + 2\sqrt{x-3})\,dx$

$$= \int x\sqrt{x-3}\,dx + \int 2\sqrt{x-3}\,dx \text{（不定積分性質 4）}$$

好，我們分開來各個擊破：

(1) $\int x\sqrt{x-3}\,dx = \int x(x-3)^{\frac{1}{2}}\,dx$（試用分部積分，因為是二函數乘積）

$$f(x)=x \qquad g'(x)=(x-3)^{\frac{1}{2}}$$
$$f'(x)=1$$
$$g(x)=\int (x-3)^{\frac{1}{2}}\,dx \qquad (u(x)=x-3, v[u(x)]=[u(x)]^{\frac{1}{2}})$$
$$=\int [u(x)]^{\frac{1}{2}}\,du(x) \qquad (du(x)=\frac{du(x)}{dx}(dx)=1dx)$$
$$=\frac{[u(x)]^{\frac{1}{2}+1}}{\frac{1}{2}+1}+c = \frac{[u(x)]^{\frac{3}{2}}}{\frac{3}{2}}+c = \frac{2}{3}(x-3)^{\frac{3}{2}}+c$$

所以利用分部積分

$$\int x\sqrt{x-3}\,dx = \underbrace{(x)}_{f(x)}\underbrace{[\frac{2}{3}(x-3)^{\frac{3}{2}}]}_{g(x)} - \int \underbrace{(1)}_{f'(x)}\underbrace{[\frac{2}{3}(x-3)^{\frac{3}{2}}]}_{g(x)}\,dx$$

$$=\frac{2}{3}x(x-3)^{\frac{3}{2}} - \frac{2}{3}\int (x-3)^{\frac{3}{2}}\,dx$$

$$=\frac{2}{3}x(x-3)^{\frac{3}{2}} - \frac{2}{3}[\frac{(x-3)^{\frac{3}{2}+1}}{\frac{3}{2}+1}]+c$$

$$=\frac{2}{3}x(x-3)^{\frac{3}{2}} - \frac{4}{15}(x-3)^{\frac{5}{2}}+c$$

(2) 變數代換：$u(x)=x-3, v[u(x)]=(x-3)^{\frac{1}{2}}=[u(x)]^{\frac{1}{2}}$,

$$du(x)=\frac{du(x)}{dx}=1\,dx$$

$$\int 2(x-3)^{\frac{1}{2}}dx = 2\int (x-3)^{\frac{1}{2}}dx = 2\int u^{\frac{1}{2}}du = 2\cdot \frac{u^{1+\frac{1}{2}}}{1+\frac{1}{2}}+c$$

$$= 2\cdot \frac{2}{3}u^{\frac{3}{2}}+c = \frac{4}{3}u^{\frac{3}{2}}+c = \frac{4}{3}(x-3)^{\frac{3}{2}}+c$$

本題的解答為(1)積分結果＋(2)積分結果

$$= \frac{2}{3}x(x-3)^{\frac{3}{2}} - \frac{4}{15}(x-3)^{\frac{5}{2}} + \frac{4}{3}(x-3)^{\frac{3}{2}} + c$$

$$= (x-3)^{\frac{3}{2}}(\frac{2}{3}x+\frac{4}{3}) - \frac{4}{15}(x-3)^{\frac{5}{2}} + c$$

(b) $\int x(2x+1)^5 dx$ （可能可以用分部積分，因為有二函數相乘）

取 $f(x)=x \qquad g'(x)=(2x+1)^5$

$f'(x)=1$

$$g(x)=\int g'(x)dx = \int (2x+1)^5 dx = \int \frac{1}{2}(2x+1)^5(2dx)$$

$$= \frac{1}{2}\int u^5(x)du(x) \qquad （變數代換：u(x)=2x+1, v[u(x)]=u^5(x),$$

$$= \frac{1}{2}\cdot \frac{u^{5+1}(x)}{5+1} + c \qquad\qquad du(x)=\frac{du(x)}{dx}(dx)=2dx)$$

$$= \frac{1}{12}u^6(x)+c = \frac{1}{12}(2x+1)^6 + c$$

利用分部積分公式

$$\int f(x)g'(x)dx = f(x)g(x) - \int f'(x)g(x)dx$$

$$= \underset{f(x)}{(x)}\underset{g(x)}{[\frac{1}{12}(2x+1)^6]} - \int \underset{f'(x)}{(1)}\underset{g(x)}{[\frac{1}{12}(2x+1)^6]}dx$$

$$= \frac{1}{12}x(2x+1)^6 - \frac{1}{12}\int (2x+1)^6 dx$$

$$= \frac{1}{12}x(2x+1)^6 - \frac{1}{12}\int \frac{1}{2}(2x+1)^6(2dx)$$

$$= \frac{1}{12}x(2x+1)^6 - \frac{1}{24}\int u^6 du$$

$$= \frac{1}{12}x(2x+1)^6 - \frac{1}{24} \cdot \frac{u^{6+1}}{6+1} + c$$

$$= \frac{x}{12}(2x+1)^6 - \frac{1}{168}(2x+1)^7 + c$$

（再一次變數代換：$u(x) = 2x + 1, v[u(x)] = u^6(x),$

$$du(x) = \frac{du(x)}{dx}dx = 2dx)$$

練 功 時 間

看完以上的例題之後，開始覺得有點頭痛了吧？請做做看下列的不定積分：

(a) $\displaystyle\int x\sqrt{3x-1}\,dx$　　　(b) $\displaystyle\int (x+1)(x-5)^{10}dx$

　　例題 5-8 的解答，複雜得有點出乎你意料之外，不是嗎？不過其中的變數代換法部分，當你對積分技巧已經相當熟練的時候，是可以直接寫出解答，而不用那麼辛苦的設定變數代換。要達到這樣的功力，還是老話一句：你要多做練習！

分部積分的重複使用

　　有很多時候，分部積分一次是不夠的……怎麼說呢？分部積分的結果不是這樣的嗎：

$$f(x)g(x) - \int f'(x)g(x)dx$$

其中包含著一個積分式，對不對？而這個積分式

$$\int f'(x)g(x)dx$$

可不一定一次就可以直接積分出來喔！很有可能的是，你必須再做一次，甚至是好幾次重覆分部積分才能解開這個積分。

例 題 *5-9*   重複分部積分 ···

$$\int x^2 e^x dx = ?$$

解 (1)取 $f(x) = x^2$, $g'(x) = e^x$

$\qquad \therefore f'(x) = 2x^{2-1} = 2x$

$\qquad g(x) = \int e^x dx = e^x + c$

$\qquad \Rightarrow \int x^2 e^x dx = \underset{f(x)\,g(x)}{\boxed{(x^2)\ (e)}} - \underset{f'(x)\,g(x)}{\boxed{\int (2x)\ (e^x)\,dx}}$

$\qquad\qquad\qquad\qquad\qquad\qquad ①$

(2) $① = \int (2x)(e^x)dx = 2\int xe^x dx$

$\qquad = 2xe^x - 2e^x + c$ （請參照本節分部積分程序所使用的例題）

(3)所以 $\int x^2 e^x dx = x^2 e^x - ① = x^2 e^x - (2xe^x - 2e^x) + c$

$\qquad\qquad = x^2 e^x - 2xe^x + 2e^x + c$

練功時間

請問 $\int x^3 e^x dx = ?$

習 題 5-3

1. 求下列各不定積分：

(a) $\int 2xe^{2x}dx$ 　　　　　　(b) $\int te^{0.001t}dt$

(c) $\int 2x\sqrt{x^2-1}\,dx$ 　　　(d) $\int x\sqrt{3-x}\,dx$

(e) $\int x^2\ln x\,dx$ 　　　　　(f) $\int \dfrac{2x}{\sqrt{x-3}}dx$

(g) $\int (3x+5)e^x dx$ 　　　(h) $\int x^2 e^{2x}dx$

(i) $\int \dfrac{\ln x}{x^2}dx$ 　　　　　(j) $\int x^3\ln x\,dx$

2. 生產效率

倫理電腦的人事部經理經過長期調查，得知：工廠作業員的產量，在 x 小時的

工作後是每小時 $300xe^{-\frac{3}{5}x}$ 部筆記型電腦。請問作業員從一開始工作了 5 個小時

之後，共生產出多少台筆記型電腦？

3. 這一題比較難，要結合分部積分和連鎖律唷！

(a) $\int (\ln x)^2 dx$ 　　　(b) $\int \ln x^2 dx$

它們的結果一樣嗎？

5-4　定積分

學完了一大堆「不定積分」的原理與技巧已經累死老夫了，接著怎麼又來了一個「定」積分 (definite integral) 呢? 定與不定到底有什麼不同? 該這麼說吧:

——不定積分（反導數）是一種與「相對變化率」（微分）逆方向的操作，它也是數學演算法的一種。

——定積分是一個「數值」，它的原意是一個「總和的極限值」，而這個極限值必須使用不定積分的作法來求得。

把面積視為一種總和的極限值

我們先自由自在的畫 $f(x) = 5$ 的函數圖 （圖 5-3）:

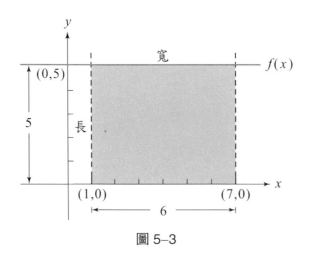

圖 5-3

這個函數由 $x = 1$ 到 $x = 7$，與 x 軸所圍成的是一個長方形。長方形的面積我們國小就學過了，長方形面積是

長 × 寬

這個長方形長是 5，寬是 7 − 1 = 6，所以面積是 5 × 6 = 30。

　　長方形的面積沒問題了，那下面這個圖形的面積呢（圖 5–4）？

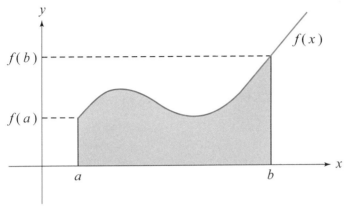

圖 5–4

　　保證把你給難倒了！這種「四不像」的面積，以你現在的程度，是還無法征服的。不過呢，碰到不懂的事物，我們就想辦法把我們已經懂的事物拿出來試試看，例如說我們是不是可以利用上面的長方形面積，來「近似」這個曲面的面積呢？

　　現在就開始我們的實驗吧！第一次只用一個長方形來試試看好嗎？

　　我們的原則是長方形的高是由長方形左端的函數值所決定。那麼圖形是這樣的（圖 5–5）：

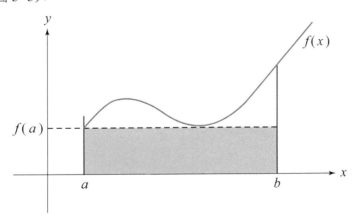

圖 5–5

這個長方形的面積是長×寬 = $f(a)×(b-a)$，但是這個近似值跟真正的曲面差很多是吧？它的「近似」結果可能糟得連你都看不下去了！很不滿意喔？

好，這次我們換用兩個長方形來近似。每個長方形的長還是以個別長方形左端的 x 值所對應的函數值，而每個長方形的寬，當然是 a 與 b 距離的一半了：$\frac{b-a}{2}$。

那麼新的近似結果如下圖（圖 5-6）：

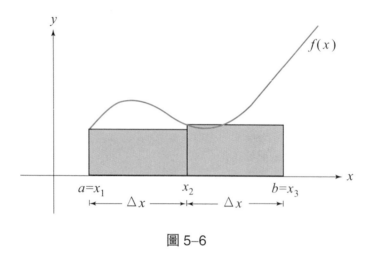

圖 5-6

兩個長方形面積的總和是 $f(x_1)×\Delta x + f(x_2)×\Delta x$。

當我們一次又一次的增加長方形的個數，你會發現，你的近似長方形將會像下圖一樣（圖 5-7）：

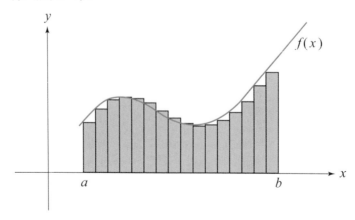

圖 5-7

如何? 如果我用圖 5–7 的長方形來說服你，說這樣子的長方形的群聚圖已經十分接近真實的曲面面積，相信你也不會大聲反對了。而這些長方形的面積總和又是什麼呢?

$$S_n = f(x_1)\Delta x + f(x_2)\Delta x + \cdots + f(x_n)\Delta x$$
$$= [f(x_1) + f(x_2) + \cdots + f(x_n)]\Delta x$$

當長方形的數目無窮無盡的增加下去，也就是當 $n \to \infty$ 的時候，單是用想像的你也可以猜得出來:

長方形的面積總和會等於曲面的面積!

定理 5–5　曲面下的面積

令 $f(x)$ 是連續函數，且在 $a \leq x \leq b$ 這個區間大於等於 0，則由 $x = a$，$x = b$，x 軸與 $f(x)$ 所圍成的曲面面積為

$$A = \lim_{n \to \infty} [f(x_1) + f(x_2) + \cdots + f(x_n)] \times \Delta x$$

若 $a \leq x \leq b$ 被分成 n 個小區間的話，則其中 x_j 是每一個小區間的左端的 x 坐標。又 $\Delta x = \dfrac{b-a}{n}$。

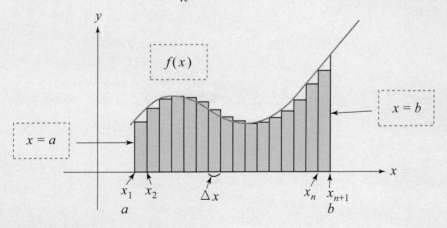

「奇怪,為什麼 x 值用的是小區間的左端點? 為什麼不用右端點呢?」「依我看哪,似乎取小區間的中點比較中庸之道吧?」你們會有如此的疑問嗎? 要是有的話,表示你們真的很敏銳。我的答案是: 不論你是採用哪種方法去找出長方形的高,取極限之後,所算出的曲面面積, 結果都會是一樣的!

定積分

利用長方形的面積和來「模擬」曲面的面積,相信你應該不會挑出任何毛病了。現在我們暫時將面積問題擺在一邊,要開始討論「定積分」的定義了!

定義 5-2　定積分

若 $f(x)$ 在區間 $a \leq x \leq b$ 是連續的,我們將這個區間等分成 n 個小區間,每一個小區間的寬度是 $\Delta x = \dfrac{b-a}{n}$。又令 x_j 是在第 j 小區間之內任選的一個 x 值,則 $f(x)$ 在 $a \leq x \leq b$ 的定積分的記法是:

$$\int_a^b f(x)dx$$

而定積分的定義是

$$\int_a^b f(x)dx = \lim_{n \to \infty} [f(x_1) + f(x_2) + \cdots + f(x_n)]\Delta x$$

「咦? 這個定積分的定義怎麼會跟曲面面積的定義完全一樣呢?」對的,正是完全一樣,所以緊接著我們要談的就是下面的定義:

定義 5-3　曲線圍成的面積

若 $f(x)$ 在區間 $a \leq x \leq b$ 連續且 $f(x) \geq 0$,則由 $x=a$, $x=b$, x 軸與 $f(x)$ 所圍成的曲面面積是

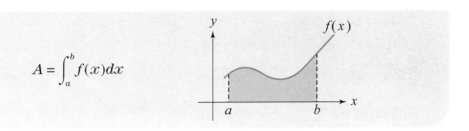

$$A = \int_a^b f(x)dx$$

微積分基本定理

「原來如此，曲線下的面積，可以利用定積分找出來，那真是太方便了！但是……定積分要怎麼算呀?」別緊張，冷靜下來仔細的再看一下，定積分的記法跟不定積分的數學符號幾乎是一模一樣！唯一的差別，只有在積分符號 $\int$。定積分是 $\int_a^b$，而不定積分則為 $\int$，沒有區間的上下限 a 與 b！由此可知「定」與「不定」積分（反導數）之間一定有相當密切的關聯性。這一個關係相當重要，要不然怎麼會有這麼偉大的名字呢 —— 微積分基本定理 (the fundamental theorem of calculus)。

定理 5-6　微積分基本定理

若函數 $f(x)$ 在區間 $a \leq x \leq b$ 連續，則

$$\int_a^b f(x)dx = F(b) - F(a)$$

$F(x)$ 是 $f(x)$ 在 $a \leq x \leq b$ 的任何反導數。

定理很偉大，看起來好像也很複雜，但其實一語道破的話是再也容易不過了：

1. 先求出 $f(x)$ 的反導數（不定積分）$F(x)$
2. 將積分區的最右端的 x 值 b 代入 $F(x)$，得到 $F(b)$
   將積分區的最左端的 x 值 a 代入 $F(x)$，得到 $F(a)$

3. 算出 $F(b) - F(a)$

例 題 5 - 10 長方形面積

為了證實微積分基本定理不是胡說八道的，我們先用最簡單的函數——水平線來驗證一下。假設 $f(x) = 3$，則在 $2 \leq x \leq 5$ 之間與 x 軸所圍成的面積為何?

解 $f(x) = 3$ 的圖形如下圖 (圖 5-8):

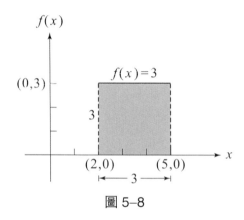

圖 5-8

要求面積? 你有兩個方法:

(1)直接求長方形面積 = 長 × 寬

　長 = 3，寬 = 5 − 2 = 3

　∴面積 = 3 × 3 = 9

(2)利用定積分 $\int_2^5 3dx$

　①求 $f(x)$ 之反導數 $F(x)$

$$F(x) = \int f(x)dx = \int 3dx = 3x + c$$

　②區間右端端點 $x = 5 \Rightarrow F(5) = 3 \times (5) + c = 15 + c$

　　區間左端端點 $x = 2 \Rightarrow F(2) = 3 \times (2) + c = 6 + c$

　③ $F(5) - F(2) = (15 + c) - (6 + c) = 15 - 6 = 9$

　你看! 正確答案!

練 功 時 間

請算出下列函數在 $1 \le x \le 8$ 之間與 x 軸所圍成的面積:

(a) $f(x) = 10$ (b) $f(x) = 2$

請用(1)長方形面積,(2)定積分找出答案,並互相核對!

例 題 *5-11* 　直線函數之定積分

利用定積分求函數 $f(x) = 2x + 3$ 在 $2 \le x \le 5$ 的區間與 x 軸所圍成的面積?

解 $F(x) = \int f(x)dx = \int (2x+3)dx = \int 2xdx + \int 3dx = \dfrac{2}{1+1}x^{1+1} + 3x + c$

$\qquad = x^2 + 3x + c$

曲面面積為

$$\int_2^5 f(x)dx = F(5) - F(2) = (5^2 + 3 \times 5 + c) - (2^2 + 3 \times 2 + c)$$

$$= (25 + 15 + c) - (4 + 6 + c)$$

$$= 30$$

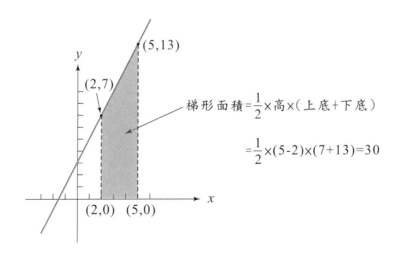

梯形面積 $= \dfrac{1}{2} \times 高 \times (上底 + 下底)$

$= \dfrac{1}{2} \times (5-2) \times (7+13) = 30$

練功時間

請求出下列函數在 $a \leq x \leq b$ 與 x 軸所圍成的區域面積:

(a) $f(x) = 3x - 2$ $1 \leq x \leq 7$

(b) $f(x) = 5 - x$ $-3 \leq x \leq 4$

    對定積分愈來愈有信心了嗎? 事實上, 只要函數 $f(x)$ 在 $[a, b]$ 連續, 我們都可以利用定積分來找出曲面的面積, 現在我們要進入進階的面積計算了!

例 題 *5-12*   二次函數的定積分

(a)函數 $f(x) = 3x^2 + 2x + 1$ 在 $0 \leq x \leq 3$ 與 x 軸圍成的面積為何?

(b)函數 $f(x) = -3x^2 - 4x + 4$ 與 x 軸圍成的區域, 面積為何?

解 (a)(1)還是先要找反導數

$$F(x) = \int f(x)dx = \int (3x^2 + 2x + 1)dx$$

$$= \int 3x^2 dx + \int 2x dx + \int 1 dx$$

$$= 3 \times \frac{x^{2+1}}{2+1} + 2 \times \frac{x^{1+1}}{1+1} + x + c$$

$$= x^3 + x^2 + x + c$$

(2) $f(x)$ 在 $0 \leq x \leq 3$ 之面積 $\Rightarrow a = 0, b = 3$

(3)面積 $= F(b) - F(a) = F(3) - F(0)$

$$= [3^3 + 3^2 + 3 + c] - [0^3 + 0^2 + 0 + c]$$

$$= [27 + 9 + 3 + c] - c$$

$$= 39$$

(b)第一眼見到這一題, 我想你的心裡一定有一個大問號:「奇怪, 怎麼沒有 x 的上下限 a 與 b 呢?」

    那你就要親自畫一個簡單的函數圖來看看了 (圖 5-9):

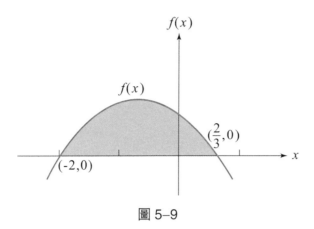

圖 5–9

我們發現，$f(x)$ 與 x 軸交於兩點。$f(x)$ 與 x 軸的交點，y 坐標是 0

$\Rightarrow 0 = -3x^2 - 4x + 4 \Rightarrow 3x^2 + 4x - 4 = 0 \Rightarrow (3x - 2)(x + 2) = 0$

$\Rightarrow x = \dfrac{2}{3}$ 或 -2

所以說，$f(x)$ 與 x 軸圍出的區域是 x 從 -2 到 $\dfrac{2}{3}$ $\Rightarrow a = -2, b = \dfrac{2}{3}$

面積 $A = \displaystyle\int_{-2}^{\frac{2}{3}} (-3x^2 - 4x + 4)\,dx$

(1) $F(x) = \displaystyle\int (-3x^2 - 4x + 4)\,dx = \int -3x^2\,dx - \int 4x\,dx + \int 4\,dx$

$\qquad = -3 \times \dfrac{x^{2+1}}{2+1} - 4 \times \dfrac{x^{1+1}}{1+1} + 4x + c$

$\qquad = -x^3 - 2x^2 + 4x + c$

(2) $A = F(b) - F(a) = F(\dfrac{2}{3}) - F(-2)$

$\qquad = [-(\dfrac{2}{3})^3 - 2 \times (\dfrac{2}{3})^2 + 4 \times (\dfrac{2}{3}) + c]$

$\qquad \quad -[-(-2)^3 - 2 \times (-2)^2 + 4 \times (-2) + c]$

$\qquad = (-\dfrac{8}{27} - \dfrac{8}{9} + \dfrac{8}{3} + c) - (8 - 8 - 8 + c)$

$\qquad = \dfrac{256}{27}$

練功時間

請求出下列函數 $f(x)$ 與 x 軸所圍成區域的面積：

(a) $f(x) = 8x^3 + 6x^2 - 6x + 8$　　$0 \le x \le 3$

(b) $f(x) = -x^2 - x + 6$　　與 x 軸所圍成的區域

　　好了，定積分的基本觀念已經介紹得差不多了。其實你可以發現到，定積分並不難，它最難的部分是在第一步驟──不定積分 $F(x)$ 的求出。你必須要善用第 5 章前面三節所教給你的技巧來解題。等到 $F(x)$ 找到之後，大部分的困難就已經解決了，剩下的只有將 x 區間的兩端點代入 $F(x)$ 之後相減就可以了。

即席思考

假設 $f(x) = 2x + 3$　　$0 \le x \le 4$

請問在 x 值是多少時 $(x_{1/2})$，可以將 $f(x)$ 與 x 軸圍成的曲面面積等分成兩半？（圖 5-10）

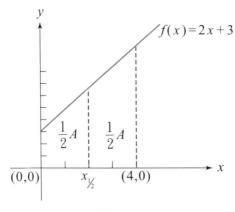

圖 5-10

兩曲線所圍成的區域面積

剛剛我們所討論的，都是函數 $f(x)$ 與 x 軸圍出來區域的面積。那如果是兩個函數 $f(x)$ 與 $g(x)$ 所圍出來的區域，面積該怎麼算呢？（圖 5–11）

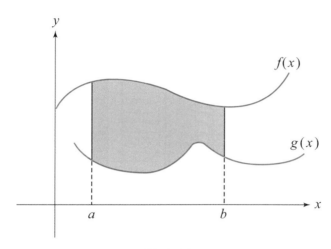

圖 5–11

依我看哪，這類的問題已經難不倒你了。由圖 5–12 來看，真是再明顯不過了。$f(x)$ 與 $g(x)$ 所圍成的面積就是

區域(1)面積 (A_1) – 區域(2)面積 (A_2)

$$= \int_a^b f(x)dx - \int_a^b g(x)dx$$

$$= \int_a^b [f(x) - g(x)]dx$$

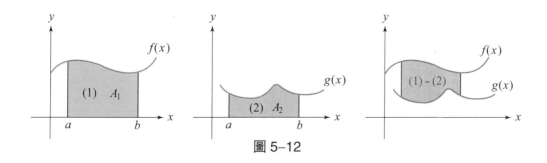

圖 5–12

📖 **定義** 5-4 　兩曲線所圍成的區域面積

若函數 $f(x)$ 與 $g(x)$ 在區間 $a \le x \le b$ 是連續的，且 $f(x) \ge g(x)$，則由 $f(x)$ 與 $g(x)$ 在 $x = a$ 與 $x = b$ 所圍出來的區域面積是

$$\int_a^b [f(x) - g(x)]dx$$

📝 **例 題** *5 - 13*　兩曲線所圍成的區域面積 ································

兩函數 $f(x) = -x^2 - x + 6$ 與 $g(x) = -x$ 在 $-2 \le x \le 0$ 所圍成的區域面積為何?

解　$\int_a^b [f(x) - g(x)]dx = \int_{-2}^0 [-x^2 - x + 6 - (-x)]dx = \int_{-2}^0 (-x^2 + 6)dx$

(1) $F(x) = \int (-x^2 + 6)dx = \int -x^2 dx + \int 6 dx = -\dfrac{x^{2+1}}{2+1} + 6x + c$

$\quad = -\dfrac{1}{3}x^3 + 6x + c$

(2) $F(b) - F(a) = F(0) - F(-2)$

$\quad = [-\dfrac{1}{3}(0)^3 + 6(0) + c] - [-\dfrac{1}{3}(-2)^3 + 6(-2) + c]$

$\quad = \dfrac{28}{3}$

練功時間

兩函數 $f(x) = 3x + 2$ 與 $g(x) = -x - 4$ 在 $0 \le x \le 3$ 所圍成區域的面積為何?

習 題 5-4

1. 利用微積分基本定理，找出下列定積分值：

(a) $\displaystyle\int_0^5 e^x dx$ 　　　　　(b) $\displaystyle\int_{-1}^1 (e^{2x} + \frac{1}{x^3})dx$

(c) $\displaystyle\int_1^2 (3t+8)dt$ 　　　　(d) $\displaystyle\int_0^2 (9x^2 - 4x + 3)dx$

(e) $\displaystyle\int_1^2 xe^x dx$ 　　　　　(f) $\displaystyle\int_1^e (x + \frac{1}{x})dx$

(g) $\displaystyle\int_0^1 (x^2 - 1)^5 x\,dx$ 　　　(h) $\displaystyle\int_1^{e^2} \ln \sqrt{r}\,dr$

(i) $\displaystyle\int_5^7 \frac{1}{3x - 2}dx$ 　　　　(j) $\displaystyle\int_0^1 e^{3x}dx$

2.

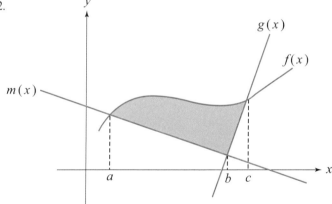

請用定積分符號與 $f(x), g(x), m(x)$ 來表示上圖曲面的面積。

3. 小孚石油公司在台灣外海的油田，經專家預估，在 20 年內的生產率為

$$p(x) = \frac{50}{2x + 1} \qquad 0 \le x \le 20$$

則(a)前 5 年的總產量為何？

　(b)第 5 年到第 10 年的平均年產量為何？

5-5　積分在商業上的應用

呼！總算又來到商業上的應用方面，這代表著積分的學習也即將告一個段落了。每當我們談到「應用」的問題，首先應該考慮到的是，這個模式到底有什麼特性？當你抓住了這個重點之後，這個數學模式到底可以應用在哪裡，就豁然開朗了。好吧！那積分的特性是什麼呢？積分的特性是「總和」！

既然是總和，那我們就來討論幾個跟總和有關的領域吧！

機率密度函數

每一位商學院的學生都要學機率統計，而經常機率統計學也是大家每天晚上所作的惡夢之一，但我想你還是得勇敢的面對它。因為在商場上，在金融市場上，本來就沒有「完全確定」的事，也沒有「穩賺不賠」的投資，套一句術語來說，就是「風險」(risk) 的概念。任何現象的出現，本來就只是一種可能性嘛！

假設我們現在做一個抽樣調查，在這個調查中，所有在區間 (a, b) 的實數 x，都是這個抽樣可能的結果 (outcomes)。例如說：

客戶排隊等待服務的時間

燈泡的壽命

……

這種變數，我們稱作連續隨機變數 (continuous random variable)。

有某些情況下，隨機抽樣的機率分佈，可以用隨機變數 x 的函數代表，這個函數我們稱作機率密度函數 (probability density function, PDF)。機率密度函數有著以下的特性：

1. 對所有實數 x 來說，$f(x) \geq 0$（圖 5–13(a)）。

2. $f(x)$ 與 x 軸，在 x 由 $-\infty$ 到 ∞ 所圍成的曲面，面積為 1（圖 5–13(b)）。

3. 若 (a, b) 是 $(-\infty, \infty)$ 內的一個小區間 $a \leq x \leq b$，則

隨機變數 x 發生在 $[a, b]$ 區間內的機率 $= p(a \leq x \leq b) = \displaystyle\int_a^b f(x)dx$

（圖 5–13(c)）。

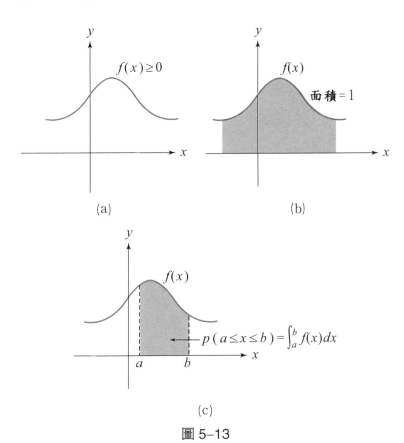

(a)

(b)

(c)

圖 5–13

準備好了嗎？ 要進入機率的世界了唷！

例 題 *5-14* 客戶等候時間

安邦銀行白金理財專員經過長期的觀察與記錄整理，發現尊貴的白金客戶來到分行之後，坐在接待室等待被服務的時間長度 t，有著這樣的機率密度函數

$$f(t) = \begin{cases} \dfrac{1}{5}e^{\frac{-t}{5}} & t \geq 0 \\ 0 & t < 0 \end{cases}$$

則求:

(a)客戶等候時間少於 2 分鐘的機率?

(b)客戶等候時間介於 1 分鐘到 5 分鐘的機率?

(c)客戶等候時間正好是 2.5 分鐘的機率?

解 (a) $p(t \leq 2) = \displaystyle\int_0^2 f(t)dt$ $\quad (f(t) = \dfrac{1}{5}e^{\frac{-t}{5}}$ 只有在 $t \geq 0!)$

$$= \int_0^2 \frac{1}{5}e^{\frac{-t}{5}}dt = \frac{1}{5}\int_0^2 e^{\frac{-t}{5}}dt$$

$$F(t) = \frac{1}{5}\int e^{\frac{-t}{5}}dt$$

變數代換法, $u = -\dfrac{t}{5} \Rightarrow du = (\dfrac{du}{dt})dt = -\dfrac{1}{5} \times dt$

$$\frac{1}{5}\int e^{\frac{-t}{5}}dt = \frac{1}{5}\int e^u(-5du) = -\int e^u du = -e^u + c = -e^{\frac{-t}{5}} + c$$

$$\int_0^2 f(t)dt = F(2) - F(0) = (-e^{-\frac{2}{5}} + c) - (-e^{-\frac{0}{5}} + c)$$

$$= -e^{-\frac{2}{5}} + 1 = 1 - e^{-\frac{2}{5}} \approx 0.32968 \approx 33\%$$

約有 33% 的客人等候時間小於 2 分鐘

(b) $p(1 \leq t \leq 5) = \displaystyle\int_1^5 f(t)dt = F(5) - F(1)$

$$= (-e^{-\frac{5}{5}} + c) - (-e^{-\frac{1}{5}} + c)$$

$$= -e^{-1} + e^{-\frac{1}{5}} \approx 0.4508 \approx 45\%$$

約有 45% 的客戶等候時間在 1 分鐘到 5 分鐘之間

(c) $p(t = 2.5) = \int_{2.5}^{2.5} f(t)dt$

$$= F(2.5) - F(2.5) = 0 \, !!$$

等候時間恰好等於 2.5 分鐘的機率是 0！奇怪嗎？一點也不！

事實上，本來就不可能有人等候時間恰好等於一個特定時間的（例如：2.5000 …… 分）

這是連續隨機變數相當重要的觀念！

⸻

練功時間

假設一個月後台積電股價的漲跌幅度是一種連續隨機變數，其機率密度函數為

$$f(x) = \begin{cases} \dfrac{1}{10} & -5 \leq x \leq 5 \\ 0 & \text{其他所有 } x \text{ 值} \end{cases}$$

則

(a) 請用機率密度函數的三個特性，證明 $f(x)$ 是一個合理的機率密度函數。

(b) 一個月後，台積電股價下跌 2 至 5 元的機率為何？

(c) 一個月後，台積電股價上揚 1 至 3 元的機率為何？

(d) 一個月後，台積電股價正好不漲不跌的機率為何？

連續現金流量

一般我們在現實生活中所談論的「現金流量」，都是具有離散性質 (discrete) 的。也就是說，現在的進出是在不同的時間點，一筆一筆單獨的流進流出（圖 5–14）。

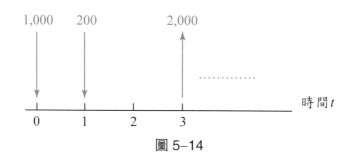

圖 5-14

上面這個圖想必大家都很熟悉吧？我們通常將它稱作：現金流量圖；很可惜，這種離散式的現金流量方式，會造成我們在從事計量模型的困擾。你應該注意到，到現在為止，微積分所處理的都是連續性函數，而現金流量如果以離散的函數來與連續函數結合運算的話，會增加推導上的困難度。因此我們在學術上所採用的是連續現金流量。

什麼是「連續的」現金流量呢？我們一起來看下面的例子：

例 題 5-15 第 3 年一年之中的現金流量

假設馬力強半導體 12 吋晶圓廠的投資企劃案中指出，在投資後第 3 年一年內的現金流量是 1,000,000,000 元，你可以有兩種表示方法。

解 ⑴離散式現金流量：

假設第 3 年一年之內的 1,000,000,000 元一併在第 3 年年底結算（圖 5-15）

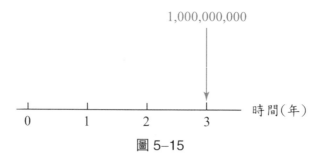

圖 5-15

⑵連續式現金流量（這裡我們假定第 3 年中的現金流量是固定速率的）：

假設第 3 年一年之內持續流入現金，

現金流入率是 $f(x) = 1,000,000,000$（元／年）（圖 5–16）

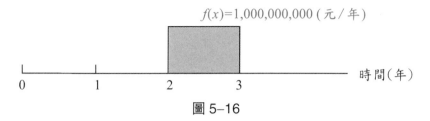

圖 5–16

則第 3 年一年之內總現金流量為

$$\int_2^3 f(x)dx \quad （流量總和）$$

$$= \int_2^3 1,000,000,000dx = 1,000,000,000\int_2^3 dx$$

$$= 1,000,000,000[F(3) - F(2)] = 1,000,000,000(3 - 2)$$

$$= 1,000,000,000$$

結論： 從表面上看，兩者的答案都是在第 3 年底都會流入 1,000,000,000 元的現金；從實質來看，這筆現金流入的時點完全不同。

　⑴離散式現金流量只發生在年底一次，所以全年的現金流量從年底才能開始計息。（圖 5–17⒜）

　⑵連續式現金流量隨時間的進行連續不斷的流入現金，因此從年初開始就已經陸續有現金流入開始計息。（圖 5–17⒝）

也就是說：沒有考慮貨幣的時間價值時，兩者完全相同，但如果考慮貨幣時間價值的話，兩者最後的本利和會有差距！

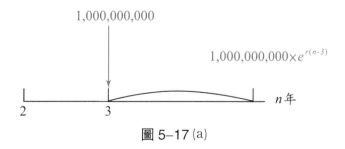

圖 5–17⒜

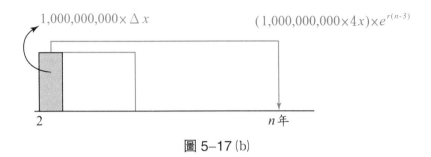

圖 5-17 (b)

例 題 *5 - 16*

假設你的銀行帳戶的現金是以

(a)每年年底存入 10,000 元

(b)連續式存入速率為 10,000（元／年）

帳戶的年利率是 3%，連續複利。請問在第 3 年底的本利和各為多少?

解 (a)離散式現金流量，現金流量圖見圖 5-18：

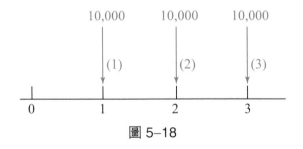

圖 5-18

(1)第 1 年底存入之 10,000 元，在第 3 年底的本利和為

（公式在微分應用的連續複利的那一節）

$$10,000 \times e^{rt} = 10,000 \times e^{0.03 \times 2}$$ （第 1 年底到第 3 年底只有 2 年長度）

$$= 10,000 \times e^{0.06} = 10,618.37 \text{（元）}$$

(2)第 2 年底存入之 10,000 元，在第 3 年底的本利和為

$$10,000 \times e^{rt} = 10,000 \times e^{0.03 \times 1} = 10,000 \times e^{0.03} = 10,304.55 \text{（元）}$$

⑶第 3 年底所存入的 10,000 元,沒有經過任何時間,因此沒有任何利息

　　⇒ 10,000 元

　總本利和為⑴ + ⑵ + ⑶ = 10,618.37 + 10,304.55 + 10,000

　　　　　　　　　　　 = 30,922.92

⑸ $f(x) = 10,000$(元 / 年)

$$f(x)=10,000(\text{元 / 年})$$

$$10,000 \times dx$$

　　　0　　　　　　dx　　　　　　　　　3

　　　|←—— x ——→|←———— $3-x$ ————→|

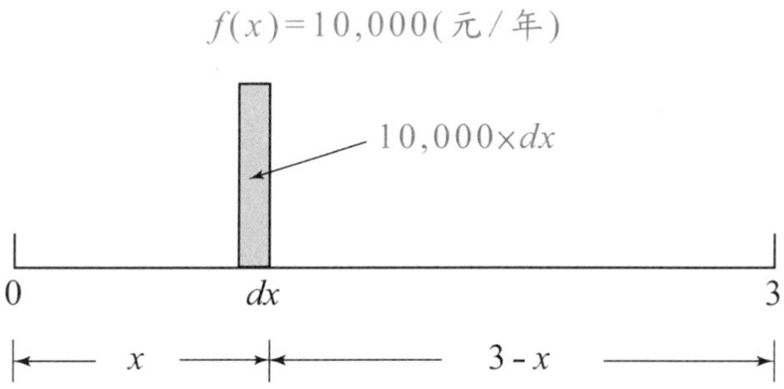

圖 5–19

我想這個連續現金流量＋連續複利的問題, 還是得畫出現金流量圖會比較清楚。圖 5–19 假定在 0 到 3 年之中任一時刻 x:

⑴從時間 x 開始, 經過一段很短很短的時間 dx, 則在 dx 這段時間收到的現金共有 $10,000 \times dx$ 元。

⑵別忘了, 這一小筆錢拿到手之後就會馬上開始「連續複利」。到底它會複利多久?

　　到第 3 年底還有 $(3-x)$ 年的時間複利。

⑶所以, 在時間 x 所收到的現金流量 $10,000 \times dx$ 到第 3 年底的本利和為 $(10,000dx) \times e^{0.03(3-x)}$。

⑷跟剛才一樣, 本利和是所有現金流量在第 3 年底本利和的總和, 既然是總和, 就應該使用積分

$$\int_0^3 10,000dx \times e^{0.03(3-x)} = \int_0^3 10,000e^{0.03(3-x)}dx = F(3) - F(0)$$

又 $F(x) = \int 10,000e^{0.03(3-x)}dx = 10,000\int e^{(0.09-0.03x)}dx$

$$= 10{,}000 \left[\int (e^{0.09})(e^{-0.03x})dx \right] \text{ （底相同，相乘則指數相加）}$$

$$= 10{,}000 \times e^{0.09} \int e^{-0.03x} dx$$

$$= 10{,}000 \times e^{0.09} \times (\frac{-100}{3}) e^{-0.03x} + c$$

（變數代換法，設 $u = -0.03x$）

$$\therefore F(3) - F(0) = [\, 10{,}000 \times e^{0.09} \times (\frac{-100}{3}) e^{-0.03 \times 3} + c\,]$$

$$- [\, 10{,}000 \times e^{0.09} \times (\frac{-100}{3}) e^{-0.03 \times 0} + c\,]$$

$$= 31{,}391.43$$

的確，連續式的現金流量的本利和比離散式來得多！

練功時間

為了在大學畢業時能如願買一輛跑車，小許給自己立下一個理財目標：4 年後存到 100 萬元的存款。已知小許的銀行帳戶是零存整付型，連續複利，年利率固定為 4%。小許的零存方式有二種選擇：

⒜每年年底存入 220,000 元

⒝以 220,000 （元／年）的速率，連續存入

請問小許可以達成他的夢想嗎？

1. 台電公司的研究資料顯示，台中市的家庭在夏季時用電量呈現以下的機率密度函數：

$$f(x) = \begin{cases} \dfrac{1}{5} e^{-\frac{x}{5}} & x \geq 0 \qquad x \text{ 的單位是仟瓦} \\ 0 & x < 0 \end{cases}$$

(a)用電量在 2 到 3 仟瓦之間的用戶佔百分之多少？

(b)假設用電超過 5 仟瓦的家庭用戶適用加價新制，請問有多少比例的用戶會受到影響？

2. 旭光電器對它所生產的燈泡壽命做品管抽樣，結果是以下的機率函數：

$$f(x) = \begin{cases} \dfrac{2}{(x+2)^2} & x \geq 0 \qquad x \text{ 代表月份} \\ 0 & x < 0 \end{cases}$$

(a)燈泡壽命少於 2 個月的機率是多少？

(b)假設公司規定，燈泡壽命大於 1 個月就算合格，請問旭光公司燈泡的合格率是多少？

3. 假設你所遭遇的情況與例題 5–16 完全一樣，不同的是你的現金流量「速率」是 $10{,}000e^{0.03t}$，年利率是 4%，則

(a)第 3 年底的本利和是多少？

(b)第 4 年底的本利和是多少？

(c)現金流量速率改為 $5{,}000t$，則第 3 年底的本利和是多少？

6

深度與廣度的追尋
簡介多變量微積分

學習興奮度：★★★

學習困難度：★★★

研究所考題集中度：★★★★

開場白

　　長途跋涉，終於走到了最後一章的開場白了。堅持一路走來，始終如一，你們真的辛苦了！在這章結束之後，你總算可以很自豪的告訴大家，「我已經渡過最艱難的起步階段了」。從此以後，也許你會遇到更加進階的微積分領域，但是，它們的原理都差不多，只要你的基礎打得很穩，就可以順利的「過關斬將」！

　　在前面的所有內容，我們所介紹給你的微分、積分都有一個共通點，那就是我們所使用的函數都只內含一個自變數 x（或 t，或 r，……，反正是只有一個變數的函數啦！）。但我們自己也知道，世界上事物的成因都是錯綜複雜，如果說只有一個變數就可以完全解釋函數關係，這個世界也太單純了！（當然也有可能是我們的頭腦太簡單了！）我們沒有辦法逃避，遲早總要面對多變量函數的問題。下面就舉個例子來說明吧！

　　碩士電腦有兩項主力產品：主機板與筆記型電腦。假設生產這兩種產品的成本分別為（單位：億元）：

　　　　主機板成本：$300 + 0.2x$　　（x 的單位：萬片）

　　　　筆記型電腦成本：$450 + 0.75y$　　（y 的單位：萬台）

碩士電腦的總生產成本應該是多少呢？

$$f(x, y) = (300 + 0.2x) + (450 + 0.75y)$$
$$= 750 + 0.2x + 0.75y$$

對碩士電腦而言，影響它總成本函數的因素有兩個：

x：主機板片數

y：筆記型電腦台數

這就是一個簡單的多變量函數！

6-1 多變量函數

回想起帶領各位進入書中第一章的時候，大家都還是微積分的新手，對這個學科充滿了恐懼感。到了現在，以你的實力應該足以輕鬆應付基礎的微積分應用問題了！只不過，以前我們所研讀的都是單一變數的函數，以及單一變數函數的微分與積分。而現在我們即將開始探索多變數的函數。

多變數函數說穿了也沒什麼了不起。回想一下單一變數函數吧！單一變數函數內含一個自變數。單一變數函數的例子如下：

$$f(x) = x^3 + x^2 + x + 1, f(x) = \ln x + e^x, g(p) = \frac{2p}{p^2 + p}$$

單一變數函數的特徵：

1. 函數記號 $f(\cdot)$ 的括弧內只有一個自變數。

2. 函數中只有括弧內的那個自變數的值可以變動。

3. 一個自變數 x 值只能決定一個函數值，不可能有第二個不同的函數值。

我們用相似的邏輯來思考的話，要舉出雙變數函數的例子就很容易了：

$$f(x, y) = 100 - 3x + 5y$$

$$g(t, z) = \ln(t \times z) - e^{t-z} + 2t - 3\ln z$$

雙變數函數的特性呢？（圖 6-1）

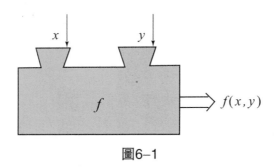

圖6-1

1. 函數記號 $f(\cdot)$ 的括弧裡有二個自變數。

2. 函數裡那兩個自變數的值發生變動的話，函數值也會隨之改變。

3. 一組自變數的組合（例如 $(2, 3)$），只能求出一個函數值，同一組自變數值，不可能求出另一個不同的函數值。

多變量函數的函數值

 例 題 6-1 ··

在開場白的例子中，碩士電腦的總成本函數為

$$f(x, y) = 750 + 0.2x + 0.75y$$

(a) 主機板出片量為 100 萬片，筆記型電腦產量為 10 萬台時的總成本為何？

(b) 主機板出片量為 150 萬片，筆記型電腦產量為 5,000 台時的總成本為何？

(c) 總成本函數的定義域為何？

解 (a) $x = 100, y = 10$

$$\Rightarrow f(100, 10) = 750 + (0.2) \times \overset{x}{(100)} + (0.75) \times \overset{y}{(10)}$$

$$= 750 + 20 + 7.5$$

$$= 777.5 \text{（億元）}$$

(b) $x = 150, y = 0.5$　（5,000 台筆記型電腦＝0.5 萬台筆記型電腦，注意自變數所用的單位！）

$$\Rightarrow f(150, 0.5) = 750 + (0.2) \times \overset{x}{(150)} + (0.75) \times \overset{y}{(0.5)}$$

$$= 780.375 \text{（億元）}$$

(c) 以前我們是怎麼討論定義域的呢？

「不會使這個函數停止運轉的所有 x 值。」

雙變數也差不多：

「不會使這個函數停止運轉的所有 x 與 y 值。」

就 $f(x, y) = 750 + 0.2x + 0.75y$ 這個函數來說，所有實數的 x 與 y 值都可以讓這個函數產生一個函數值；也就是說，所有實數的 x 與 y 值都可以使函數 $f(x, y)$ 正常運轉！

但，哪有工廠的產量是負的呢？所以 $f(x, y)$ 的定義域為

$$x \geq 0, \quad y \geq 0$$

練功時間

1. 假設有一個三變數函數為：

$$f(x, y, z) = x^3 + 3xz - 5yz + y^2 - 3z + 2y$$

　(a) $f(1, 3, 5) = ?$　　　(b) $f(2, 4, 6) = ?$　　　(c) $f(-1, 0, -3) = ?$

2. 有一個雙變數函數為：

$$g(x, y) = \ln x + e^x \ln y - xe^y$$

　(a) $g(1, 1) = ?$　　　(b) $g(2, 3) = ?$

Cobb-Douglas 生產函數

在經濟學的領域內，有一個相當有名的函數：Cobb-Douglas 生產函數。這個函數最主要的功能，是

　　描述工廠的產出量 (Q) 與資本投資 (K) ＋勞動力大小 (L) 的關係。

這個函數的式子為

$$Q(K, L) = AK^\alpha L^\beta$$

其中 A, α, β 都是大於 0 的常數。

例題 6-2　Cobb-Douglas 生產函數

小田工業三廠的生產函數符合 Cobb-Douglas 生產函數的關係：

$$Q(K, L) = 3{,}000K^{\frac{1}{2}}L^{\frac{1}{2}}$$

其中 K 代表資本投資，以百萬元為單位；L 代表人力資源，以工作小時為單位。

請問：

(a)假設資本投資為 144,000,000 元，工作小時為 2,500，請問工廠產出量為多少？

(b)若資本投資不變，而工作小時增加為原來 9 倍的話，請問工廠產出量會有何變化？

解　(a) $K = 144$（百萬元），$L = 2{,}500$（工作小時）

$$Q(K, L) = 3{,}000K^{\frac{1}{2}}L^{\frac{1}{2}} = 3{,}000 \times \sqrt{K} \times \sqrt{L}$$

$$Q(144, 2500) = 3{,}000 \times \sqrt{144} \times \sqrt{2{,}500}$$

$$= 3{,}000 \times 12 \times 50$$

$$= 1{,}800{,}000$$

(b)原來生產量為

$$Q(K, L) = 3{,}000K^{\frac{1}{2}}L^{\frac{1}{2}}$$

資本投資不變，工作小時增加 9 倍之後

$$K_1 = K, \ L_1 = 9L$$

新的生產量為

$$Q(K_1, L_1) = Q(K, 9L) = 3{,}000 \times K^{\frac{1}{2}} \times (9L)^{\frac{1}{2}}$$

$$= 3{,}000 \times K^{\frac{1}{2}} \times 3L^{\frac{1}{2}}$$

$$= 3 \times (3{,}000 \times K^{\frac{1}{2}} \times L^{\frac{1}{2}})$$

$$= 3Q(K, L)$$

所以新產量為原來產量的 3 倍

練功時間

假設某工廠的生產函數為 Cobb-Douglas 函數關係：

$$Q(K, L) = 500K^{\frac{1}{5}}L^{\frac{4}{5}}$$

(a)當 $K = 32$，$L = 243$，則 $Q(K, L) = ?$

(b)若資本投資變為原來的 $\dfrac{1}{8}$，工作小時增為原來的 8 倍，請問新的生產量為原來的幾倍?

習 題 6-1

1. 請求出下列各多變量函數值：

(a) $f(x, y) = 5 - 3x + 2y$

   (1) $f(0, 1) = ?$ (2) $f(3, 2) = ?$ (3) $f(50, 100) = ?$ (4) $f(-10, -2) = ?$

(b) $g(x, y) = 2x^2 - y^2 + 10$

   (1) $g(1, 1) = ?$ (2) $g(-1, -1) = ?$ (3) $g(2, 1) = ?$ (4) $g(1, 0) = ?$

(c) $v(x, y, z) = xyz$

   (1) $v(1, 2, 3) = ?$ (2) $v(-1, -1, -1) = ?$ (3) $v(-5, 3, 4) = ?$

(d) $h(x, y) = \dfrac{1}{x^2 + y^2}$

   (1) $h(1, 1) = ?$ (2) $h(\frac{1}{2}, \frac{1}{2}) = ?$ (3) $h(-\frac{1}{5}, \frac{1}{10}) = ?$

(e) $m(x, y) = \sqrt{x^2 + y^2}$

   (1) $m(-1, 1) = ?$ (2) $m(1, -1) = ?$ (3) $m(-3, 4) = ?$ (4) $m(5, 12) = ?$

2. 偏微分的準備工作

下面一節，也就是最後一節，我們會討論偏微分的問題。多做下面的練習對你很有幫助喔！

求：(1) $\dfrac{f(x+h, y) - f(x, y)}{h}$ (2) $\dfrac{f(x, y+h) - f(x, y)}{h}$

若

(a) $f(x, y) = 3 + 5x - 2y$ (b) $f(x, y) = 3x^2 - 2y^2$

(c) $f(x, y) = 3xy$ (d) $f(x, y) = \dfrac{2x}{y}$

3. 年金問題

假設你參加定時定額的零存整付帳戶，在每年的年底存入 10,000 元。這個帳戶有固定的年利率 5%，每年複利一次，則到第 n 年底，帳戶內的本利和公式為

$$F(p, r, n) = p \times \frac{(1 + r)^n - 1}{r}$$

p 為每年定額存款金額；r 為年利率；n 為儲蓄期間，以年為單位。

(a)在第 3 年的本利和為何?

(b)在第 5 年的本利和為何?

(c)在第幾年底，帳戶內的本利和開始超過 10 萬元?

6-2　偏微分

在打下了多變量函數的基礎之後，你也已經學著找到了多變量函數值了。不過……你現在上的是微積分的課耶，單單學函數值是不夠的。你更應該關心的是：

如何找到 $f(x, y)$ 函數值與自變數 x 或 y 的相對變化率！

在當初我們第一次踏進微分的世界時，我們是這麼教你的。不過那時候我們所處理的，都是單變數函數。也就是說：

單變數函數值的變動，只有一個可能的來源，那就是唯一的自變數它的值的變動。

而現在我們已經登堂入室，進入了多變量函數的世界，我們當然關心自變數值的變動，對函數值的影響到底是什麼？但重點是，你要怎麼樣去做，才能清楚的辨別每個自變數對函數值「個別的影響力」呢？你有兩個選擇：

1. 對所有的自變數同時做微小變動，觀察函數值的變動。

2. 只對其中一個自變數做微小變動，而其他自變數則固定不動，然後觀察函數值的變動。

答案很明顯吧？如果你選的是 1.，我猜你忙了半天，還是弄不清楚到底是哪個自變數在影響函數值的，你一定會搞混的！所以結論是：

我們希望觀察的是其中一個自變數對函數值的相對變化率，其他自變數不要介入，我們只把它們當成是「固定不動的常數」看待！

📖 定義 6-1　偏微分的定義

令多變數函數 $z = f(x_1, x_2, x_3, ..., x_n)$ 　　$x_1, x_2, ..., x_n$ 是自變數

則 f 對其中一個自變數 x_i 的偏微分 (partial derivatives) 定義為

$$\frac{\partial z}{\partial x_i} \ \left(或 \ \frac{\partial f}{\partial x_i} \right) = \lim_{h \to 0} \frac{f(x_1, ..., x_i + h, ..., x_n) - f(x_1, ..., x_i, ..., x_n)}{h}$$

我們可用 $\dfrac{\partial z}{\partial x_i}, \dfrac{\partial f}{\partial x_i}, f_{x_i}$ 或 $f_{x_i}(x_1, ..., x_i, ..., x_n)$ 來表示。這些記號都代表相同的意義。

特別注意：

　　偏微分的記號是 $\boxed{\dfrac{\partial}{\partial x}}$，全微分的記號則是 $\boxed{\dfrac{d}{d x}}$，不要寫混啦！

 例 題 *6-3*　　最基礎的偏微分計算 ·····················

請求出下列各函數的偏微分 (1) f_x　(2) f_y：

(a) $f(x, y) = 2x$　　(b) $f(x, y) = \dfrac{1}{5}y$　　(c) $f(x, y) = -3xy$

解 (a) $f_x = \dfrac{\partial f}{\partial x} = 2 \times 1 x^{1-1} = 2$　　（記住！你只對 x 有微分的興趣！其他常數或變數對你來說都只是常數，因為其他自變數是「固定不動」的！）

$\qquad f_y = \dfrac{\partial f}{\partial y} = \dfrac{\partial}{\partial y}\boxed{(2x)} = \boxed{0}$　　（$2x$ 在對 y 的偏微分只被當作常數，常數的微分當然是 0 嘍！）

想想看，$f(x, y) = 2x$ 並沒有 y，所以當 x 值不動，只有 y 值變化的話當然不會改變 $f(x, y)$ 函數值！所以 $\dfrac{\partial f}{\partial y} = 0$ 合理！

(b) $f_x = \dfrac{\partial f}{\partial x} = \dfrac{\partial}{\partial x}\boxed{(\dfrac{1}{5}y)} = 0$　　對 x 來說是常數

$\qquad f_y = \dfrac{\partial f}{\partial y} = \dfrac{\partial}{\partial y}(\dfrac{1}{5}y) = \dfrac{1}{5} \times 1 y^{1-1} = \dfrac{1}{5}$

(c) $f_x = \dfrac{\partial f}{\partial x} = \dfrac{\partial}{\partial x}(-3xy) = \dfrac{\partial}{\partial x}\boxed{(-3y}\,x) = \boxed{(-3y)} \times \dfrac{\partial}{\partial x}(x)$　　對 x 來說是常數

$\qquad = -3y$　　常數可以拿出微分記號外（定理 3-3）

$$f_y = \frac{\partial f}{\partial y} = \frac{\partial}{\partial y}(\boxed{-3x}\,y) = \boxed{(-3x)}\frac{\partial}{\partial y}(y) = -3x$$

↳ 對 y 來說是常數

練 功 時 間

請求出下列函數的偏微分(1) f_x　(2) f_y：

(a) $f(x, y) = -100y$　　　(b) $f(x, y) = 8x$　　　(c) $f(x, y) = \dfrac{2x}{y}$

 例 題 *6-4*　偏微分值

延續例題 6-3 的所有例題，求

(1) $f_x(1, 1)$　(2) $f_y(0, 1)$

解　(a) $f(x, y) = 2x$

$\qquad f_x = 2 \Rightarrow f_x(1, 1) = 2$

$\qquad f_y = 0 \Rightarrow f_y(0, 1) = 0$

　　(b) $f(x, y) = \dfrac{1}{5}y$

$\qquad f_x = 0 \Rightarrow f_x(1, 1) = 0$

$\qquad f_y = \dfrac{1}{5} \Rightarrow f_y(0, 1) = \dfrac{1}{5}$

　　(c) $f(x, y) = -3xy$

$\qquad f_x = -3y \Rightarrow f_x(1, 1) = -3 \times (1) = -3$

$\qquad f_y = -3x \Rightarrow f_y(0, 1) = -3 \times (0) = 0$

練 功 時 間

$f(x, y) = 3x^2 - 2xy + y^2 - 3x - 5y + 1$，求：

(a) $f_x(0, 1)$　　　(b) $f_x(-1, 3)$　　　(c) $f_y(1, 0)$　　　(d) $f_y(-1, -1)$

例 題 *6-5* 進階偏微分 ......

請找出下列函數的偏微分值 f_x, f_y：

(a) $f(x, y) = e^x - e^y + e^{2xy} - \ln xy$

(b) $g(x, y) = e^{x^2 + y^2}$

解 (a) $f(x, y) = e^x - e^y + e^{2xy} - \boxed{\ln xy}$

$$= e^x - e^y + e^{2xy} - \boxed{(\ln x + \ln y)}$$

$$f_x = \frac{\partial f}{\partial x} = \frac{\partial}{\partial x}(e^x - e^y + e^{2xy} - \ln x - \ln y)$$

↗ 對 x 是常數

$$= \frac{\partial}{\partial x}(e^x) - \frac{\partial}{\partial x}\boxed{(e^y)} + \frac{\partial}{\partial x}(e^{\boxed{2y}x}) - \frac{\partial}{\partial x}(\ln x) - \frac{\partial}{\partial x}\boxed{(\ln y)}$$

→ 對 x 是常數

$$= e^x - 0 + 2ye^{2xy} - \frac{1}{x} - 0 = e^x - \frac{1}{x} + 2ye^{2xy}$$

$$f_y = \frac{\partial f}{\partial y} = \frac{\partial}{\partial y}(e^x - e^y + e^{2xy} - \ln x - \ln y)$$

$$= \frac{\partial}{\partial y}\boxed{(e^x)} - \frac{\partial}{\partial y}(e^y) + \frac{\partial}{\partial y}(e^{\boxed{2x}y}) - \frac{\partial}{\partial y}(\ln x) - \frac{\partial}{\partial y}(\ln y)$$

$$= 0 - e^y + 2xe^{2xy} - 0 - \frac{1}{y} = 2xe^{2xy} - e^y - \frac{1}{y}$$

(b) $g(x, y) = e^{x^2 + y^2}$

設 $u = x^2 + y^2 \Rightarrow g(u(x, y)) = e^u$

利用連鎖律

$$g_x = \frac{\partial g}{\partial x} = \frac{\partial u}{\partial x} \times \frac{\partial g}{\partial u} = \frac{\partial}{\partial x}(x^2 + \boxed{y^2}) \times \frac{\partial}{\partial u}(e^u)$$

$$= (2x + 0) \times e^u = 2xe^{x^2 + y^2}$$

$$g_y = \frac{\partial g}{\partial y} = \frac{\partial u}{\partial y} \times \frac{\partial g}{\partial u} = \frac{\partial}{\partial y}(x^2 + y^2) \times \frac{\partial}{\partial u}(e^u)$$

$$= (0 + 2y) \times e^u = 2ye^{x^2 + y^2}$$

練功時間

請為以下的函數找出偏微分：

(a) $f(x, y) = (x^2 + y^2)^3$，則 $f_x = ?$ $f_y = ?$

(b) $g(x, y) = e^{x^2 y} - \ln \dfrac{x}{y} + 2e^y - 3e^x$，則 $g_x = ?$ $g_y = ?$

二階偏微分

從前我們也討論過二階導數，不過那時我們所要對付的是單變數函數的二階導函數，定義是：

$$\frac{d^2 f}{dx^2} = \frac{d}{dx}(\frac{df}{dx})$$

也就是函數 $f(x)$ 微分過後的導函數 $f'(x)$，再對 x 作一次微分。現在我們所面對的是多變量函數了，它們又有什麼不同呢？

有的！例如說，我們先來討論二變數函數 $f(x, y)$ 的一階偏微分好了。我們知道它有兩種偏微分的形式：

$$(a)\, f_x = \frac{\partial f(x, y)}{\partial x} \qquad (b)\, f_y = \frac{\partial f(x, y)}{\partial y}$$

我們就拿 f_x 來看好了：

f_x 代表 $f(x, y)$ 已完成一次的偏微分了，那麼我們該怎樣找 f 的二階偏導數呢？

「對 f_x 再一次作偏微分對嗎？」

你答對了！但再一次的偏微分是對哪一個自變數作偏微分呢？還是用 x 來偏微分呢？還是應該改用 y 來作偏微分了？結果應該是：

「兩種方法都要做，它們會有不同的結果與不同的意義！」

1. f_x 對 x 的偏微分記作

$$f_{xx} = f_{xx}(x, y) = \frac{\partial^2 f(x, y)}{\partial x^2} = \frac{\partial}{\partial x}[\frac{\partial f(x, y)}{\partial x}]$$

2. f_x 對 y 的偏微分記作

$$f_{xy} = f_{xy}(x, y) = \frac{\partial^2 f(x, y)}{\partial y \partial x} = \frac{\partial}{\partial y}[\frac{\partial f(x, y)}{\partial x}]$$

同樣的，f_y 的偏微分也有兩種：

1. f_y 對 x 的偏微分記作

$$f_{yx} = f_{yx}(x, y) = \frac{\partial^2 f(x, y)}{\partial x \partial y} = \frac{\partial}{\partial x}[\frac{\partial f(x, y)}{\partial y}]$$

2. f_y 對 y 的偏微分記作

$$f_{yy} = f_{yy}(x, y) = \frac{\partial^2 f(x, y)}{\partial^2 y} = \frac{\partial}{\partial y}[\frac{\partial f(x, y)}{\partial y}]$$

 例 題 *6-6*　二階偏導數 ···

若 $f(x, y) = 2x^3 - 3y^2 - 5x + 6y - 1$，則求：

(a) f_{xx}　　　(b) $\dfrac{\partial^2 f}{\partial y^2}$　　　(c) $f_{xy}(x, y)$　　　(d) $\dfrac{\partial}{\partial x}(\dfrac{\partial f}{\partial y})$

解　(a) $f_{xx} = \dfrac{\partial}{\partial x}(\dfrac{\partial f}{\partial x}) = \dfrac{\partial}{\partial x}[\dfrac{\partial}{\partial x}(2x^3 - 3y^2 - 5x + 6y - 1)]$

$$= \frac{\partial}{\partial x}[\frac{\partial}{\partial x}(2x^3) - \frac{\partial}{\partial x}(3y^2) - \frac{\partial}{\partial x}(5x) + \frac{\partial}{\partial x}(6y) - \frac{\partial}{\partial x}(1)]$$

$$= \frac{\partial}{\partial x}(2 \times 3x^{3-1} - 0 - 5 \times 1x^{1-1} + 0 - 0)$$

$$= \frac{\partial}{\partial x}(6x^2 - 5) = 6 \times 2x^{2-1} - 0 = 12x$$

(b) $\dfrac{\partial^2 f}{\partial y^2} = \dfrac{\partial}{\partial y}(\dfrac{\partial f}{\partial y}) = \dfrac{\partial}{\partial y}[\dfrac{\partial}{\partial y}(2x^3 - 3y^2 - 5x + 6y - 1)]$

$$= \frac{\partial}{\partial y}(0 - 6y - 0 + 6 - 0) = \frac{\partial}{\partial y}(-6y + 6) = -6$$

(c) $f_{xy}(x, y) = \dfrac{\partial}{\partial y}(\dfrac{\partial f}{\partial x}) = \dfrac{\partial}{\partial y}[\dfrac{\partial}{\partial x}(2x^3 - 3y^2 - 5x + 6y - 1)]$

$\qquad\qquad = \dfrac{\partial}{\partial y}(6x^2 - 5) = 0$

(d) $\dfrac{\partial}{\partial x}(\dfrac{\partial f}{\partial y}) = \dfrac{\partial}{\partial x}[\dfrac{\partial}{\partial y}(2x^3 - 3y^2 - 5x + 6y - 1)] = \dfrac{\partial}{\partial x}(-6y + 6) = 0$

練功時間

若 $f(x, y) = 3x^2 y + 3y^2 x - 8xy + 5x$，則求:

(a) $f_{xx}(1, 1)$ (b) f_{yx} (c) $f_{xy}(-1, -1)$ (d) f_{yy}

習 題 6-2

1. 若函數 $f(x, y) = 2x^8 y^5$，則求：

  (a) $f_x(x, y)$ (b) $f_y(x, y)$

  (c) $f_{yx}(1, 0)$ (d) $f_{xy}(x, y)$

  (e) $f_{xx}(0, -2)$ (f) $f_{yy}(x, y)$

2. 若函數 $f(x, y) = \ln(2x - 3y)$，則求：

  (a) $f_x(3, 1)$ (b) $f_y(x, y)$

  (c) $f_{xx}(x, y)$ (d) $f_{xy}(x, y)$

3. 請找出下列函數的 f_x 與 f_y：

  (a) $f(x, y) = (3x^2 + 2y)^{\frac{1}{2}}$ (b) $f(x, y) = x^2 y^3 e^{x+y}$

  (c) $f(x, y) = \dfrac{x^2}{x^2 + 2y^2}$ (d) $f(x, y) = \ln(2x^2 + 3y^2)$

4. 已知 A 工廠的生產量符合 Cobb-Douglas 生產函數關係：

$$f(x, y) = 100x^{0.3} y^{0.7}$$

  x 代表資本投資額，y 代表工作小時。

  則 $f_x(x, y)$ 代表資本邊際生產力，$f_y(x, y)$ 代表勞力邊際生產力。

  在 $x = 1,000$，$y = 3,000$ 時，A 工廠的

  (a)勞力邊際生產力   (b)資本邊際生產力

  各為多少?

習題解答

第 1 章

例題 1–2 練功時間

1. $f(0) = 1$，$f(2) = 3$，$f(a) = 2a^2 - 3a + 1$

   $f(a + h) = 2a^2 + 4ah + 2h^2 - 3a - 3h + 1$

   $\dfrac{f(a + h) - f(a)}{h} = 4a + 2h - 3$

2. $f(0) = 5$，$f(6) = 5$，$f(-2) = 3$，$f(-4) = 7$

例題 1–3 練功時間

(a) $\{ x \,|\, x \neq 0 \text{ 且 } x \neq 2 \}$

(b) $\{ x \,|\, x \neq 2 \}$

習題 1–1

1. (a) $f(-2) = -4$，$f(10) = 20$，$f(100) = 200$

   (b) $g(3) = \dfrac{11}{10}$，$g(\dfrac{3}{2}) = 2$，$g(\sqrt{3}) = \dfrac{3\sqrt{3} + 2}{4}$

   (c) $r(-1.3) = 5.3$，$r(-\dfrac{6}{5}) \times r(1) = 26$，$r(-2) + r(3) = 13$

   (d) $u(3) = 216$，$u(\sqrt{2}) = (9 + 2\sqrt{2})^{\frac{3}{2}}$，$u(-2) = \sqrt{11^3}$

   (e) $h(-\dfrac{1}{\sqrt[1.22]{13^{0.35}}}) = \dfrac{1}{\sqrt[1.22]{13^{0.35}}} + 2$，$h(5) = 5$，$h(0) = 2$

2. (a) $\{ x \,|\, x \in \mathbb{R} \}$ (b) $\{ y \,|\, y \neq 2 \}$ (c) $\{ x \,|\, x \leq 5 \}$

   (d) $\{ t \,|\, t > -3 \}$ (e) $\{ x \,|\, x \neq 7 \}$

3. $T(x) = 86{,}000 + 13{,}000x$ $\{x \mid x \in \mathbb{Z}, 0 \le x \le 200\}$

$u(x) = \dfrac{86{,}000}{x} + 13{,}000$ $\{x \mid x \in \mathbb{Z}, 0 < x \le 200\}$

4. (a) $r(x) = 800 + 9x$ (b) 377.78 公里

5. $D(x) = [256x^2 + 81(x-1)^2]^{\frac{1}{2}}$, $x \ge 1$

截距的求法練功時間

(a) x 截距為 $-\dfrac{7}{3}$，y 截距為 7

與 x 軸的交點為 $(-\dfrac{7}{3}, 0)$，與 y 軸的交點為 $(0, 7)$

(b) x 截距為 12，y 截距為 -6

與 x 軸的交點為 $(12, 0)$，與 y 軸的交點為 $(0, -6)$

(c) x 截距為 -6，y 截距為 4

與 x 軸的交點為 $(-6, 0)$，與 y 軸的交點為 $(0, 4)$

習題 1–2

1. 略

2. (a) $y = 1.2x + 0.2$ (b) 5 英尺，5.5 年 (c) 略

3. (a) $y = 100{,}000 - \dfrac{19{,}280}{3}t$ (b) \$35,733.33 (c) 略

習題 1–3

1. 略

2. (a) 斜率為 3，x 截距為 $\dfrac{4}{3}$，y 截距為 -4

(b) 斜率為 $\dfrac{1}{4}$，x 截距為 -20，y 截距為 5

(c) 斜率為 $-\dfrac{3}{4}$，x 截距為 $\dfrac{5}{3}$，y 截距為 $\dfrac{5}{4}$

(d) 斜率為 3，x 截距為 $-\dfrac{1}{2}$，y 截距為 $\dfrac{3}{2}$

3. (a) $y = 2x - 5$　　　(b) $y = -x + 2$　　　(c) $y = \dfrac{1}{5}x - 2$

　　(d) $y = -\dfrac{2}{3}x + 2$　　　(e) $y = \dfrac{3}{4}x + 3$

4. (a) $f(x) = 2x - 5$　　　(b) $f(x) = -x + 2$　　　(c) $f(x) = \dfrac{1}{5}x - 2$

　　(d) $f(x) = -\dfrac{2}{3}x + 2$　　　(e) $f(x) = \dfrac{3}{4}x + 3$

5. (a) $16,000$　　　(b) 略　　　(c) 本金 p

6. (a) 34.83，62.33　　　(b) 略

習題 1–4

1. (a) $(x + 1)^3$　　　(b) $x + 3$　　　(c) 不相同

2. (a) $f + g = x^2 + \dfrac{1}{x^2}$，$f - g = x^2 - \dfrac{1}{x^2}$

　　　$f \times g = 1$，$\dfrac{f}{g} = x^4$

　　　$(f \circ g)(x) = \dfrac{1}{x^4}$

　　(b) $f + g = 2x - 3 + \sqrt{2x - 3}$，$f - g = 2x - 3 - \sqrt{2x - 3}$

　　　$f \times g = (2x - 3)^{\frac{3}{2}}$，$\dfrac{f}{g} = \sqrt{2x - 3}$

　　　$(f \circ g)(x) = 2\sqrt{2x - 3} - 3$

　　(c) $f + g = x^2 - x - 6$，$f - g = x^2 - 3x$

　　　$f \times g = x^3 - 5x^2 + 3x + 9$，$\dfrac{f}{g} = x + 1$

　　　$(f \circ g)(x) = x^2 - 8x + 12$

　　(d) $f + g = \sqrt{x} + x - 3$，$f - g = \sqrt{x} - x + 3$

　　　$f \times g = x^{\frac{3}{2}} - 3\sqrt{x}$，$\dfrac{f}{g} = \dfrac{\sqrt{x}}{x - 3}$

$$(f \circ g)(x) = \sqrt{x-3}$$

3. (a) $h(3) = 25$, $h(5) = 49$, $h(-4) = -10$

   (b) $m(-7) = -306$, $m(0) = 5$

   (c) $n(3) = 142$, $n(-5) = 14$

4. (a) $f(g(x)) = 3x - 11$, $g(f(t)) = 3t - 7$

   (b) $f(g(x)) = 2x^2 - 17x + 36$, $g(f(t)) = 2t^2 - 5t$

5. (a) $f(x+2) = x - 8$

   (b) $f(x-1) = 5x^2 - 13x + 12$

   (c) $f(\frac{1}{x}) = \frac{4}{x^2} - \frac{4}{x} + 1$

6. (a) 有函數關係：$d(t) = 1.5 + 0.6(4 + 1.5t + 0.25t^2)$

   (b) 2003 年預測需求量為 6.3，2010 年預測需求量為 24.15

第 2 章

習題 2-1

1. (a) 5　　(b) 1　　(c) 3　　(d) $-\frac{5}{2}$　　(e) -3

2. (a) 無極限值　　(b) 2　　(c) $3t^2$　　(d) -3

3. (a) 1　　(b) 無意義　　(c) 2　　(d) 1　　(e) 3

   (f) 無極限值　　(g) 2　　(h) 1

4. (a) 3　　(b) 5　　(c) 無極限值　　(d) 6　　(e) -8

例題 2-6 練功時間

(a) 8　　(b) 0　　(c) 30

習題 2–2

1. (a) 5 　　(b) -2 　　(c) -15 　　(d) $3(\sqrt{3}+1)$ 　　(e) $\dfrac{5}{4}$ 　　(f) $\sqrt[3]{348}$

2. (a) 2 　　(b) $-\dfrac{1}{4}$ 　　(c) -1 　　(d) $\dfrac{7}{4}$

3. (a) 1 　　(b) 11 　　(c) 無解 　　(d) 25

4. (a) 1 　　(b) -4 　　(c) 4

習題 2–3

1. (a) 0 　　(b) 0 　　(c) -5 　　(d) $\dfrac{\sqrt{3}}{5}$ 　　(e) 2 　　(f) $\dfrac{1}{\sqrt{2}}$

2. (a) 沒有不連續點 　　(b) 沒有不連續點
　(c) 沒有不連續點 　　(d) 沒有不連續點
　(e) 沒有不連續點 　　(f) 不連續點為 $x=-1$ 或 2
　(g) 不連續點為 $x=2$ 或 5 　　(h) 不連續點為 $x=-1$ 或 3

3. (a) 不連續 　　(b) 連續

第 3 章

例題 3–1 練功時間
(a) 10 　　(b) 6 　　(c) 4.11 　　(d) 4.001

例題 3–2 練功時間
1. (a) 0 　　(b) 0
2. (a) -3 　　(b) -3

習題 3–1
1. (a) 6 　　(b) -2

2. (a)

h	-1	-0.1	-0.001	0	0.001	0.1	1
$\dfrac{f(a+h)-f(a)}{h}$	2	3.8	3.998	無意義 （分母為 0）	4.002	4.2	6

(b)

h	-1	-0.1	-0.001	0	0.001	0.1	1
$\dfrac{f(a+h)-f(a)}{h}$	-6	-4.2	-4.002	無意義 （分母為 0）	-3.998	-3.8	-2

(c)

h	-1	-0.1	-0.001	0	0.001	0.1	1
$\dfrac{f(a+h)-f(a)}{h}$	10	11.8	11.998	無意義 （分母為 0）	12.002	12.2	14

3. (a) 0　　　(b) 4

4. (a) $C(x) = 30,000 + 15x$　　　(b) 15　　　(c) 15

例題 3-3 練功時間

(a) $4x + 3$　　　(b) $\dfrac{-1}{(x+3)^2}$　　　(c) $1 - \dfrac{1}{2\sqrt{x}}$

例題 3-4 練功時間

(a) $4a + 3$　　　(b) $\dfrac{-1}{(a+3)^2}$　　　(c) $1 - \dfrac{1}{2\sqrt{a}}$

習題 3-2

1. (a) 3　　　(b) 0　　　(c) $4x - 3$　　　(d) $\dfrac{-2}{(2x+5)^2}$　　　(e) $\dfrac{1}{2\sqrt{x+2}}$

   (f) $-2x + 3$　　　(g) $3x^2$　　　(h) $\dfrac{-2}{(x-1)^2}$　　　(i) α　　　(j) $\dfrac{-2x}{(x^2+5)^2}$

2. (a) 0　　　(b) 1.5，4，6

定理 3-1 練功時間

(a) 0　　　(b) 0　　　(c) 0

例題 3–5 練功時間

(a) $3x^2$　　　(b) $30x^{29}$　　　(c) $100x^{99}$　　　(d) $\dfrac{3}{2}\sqrt{x}$　　　(e) $\dfrac{1}{4x^{\frac{3}{4}}}$

(f) $\dfrac{-5}{x^6}$　　　(g) $-\dfrac{3}{4}x^{-\frac{7}{4}}$

例題 3–6 練功時間

(a) $4x$　　　(b) $700x^{99}$　　　(c) $\dfrac{1}{\sqrt[4]{x}}$　　　(d) $\dfrac{-20}{x^6}$

例題 3–7 練功時間

(a) $2x$　　　(b) $12x^5 - 20x^3 + 16x$　　　(c) $3x^2 + \dfrac{2}{x^3}$　　　(d) $5\pi x^{\pi-1} + 2\sqrt{3}\,x^{\sqrt{3}-1}$

例題 3–8 練功時間

(a) $6x - 295$

(b) $(3x^2 - 10x - 7)(x^2 - 5x + 3) + (x^3 + 5x^2 - 7x + 1)(2x - 5)$

(c) $(\dfrac{-1}{x^2} + 1)(x - \dfrac{1}{x}) + (x + \dfrac{1}{x})(1 + \dfrac{1}{x^2})$

(d) $(2x^2 - x + 1)(3x^3 + 2x^2 + x + 1) + (x + 2)(4x - 1)(3x^3 + 2x^2 + x + 1)$

　　$+ (x + 2)(2x^2 - x + 1)(9x^2 + 4x + 1)$

例題 3–9 練功時間

(a) $-\dfrac{2}{x^3}$　　　(b) $\dfrac{4}{(x+3)^2}$　　　(c) $\dfrac{-x^4 - 2x^3 - 3x^2}{(x^3 + x^2 + x + 1)^2}$

習題 3–3

1. (a) 0　　　(b) 2　　　(c) $6x$　　　(d) $2\sqrt{3}\,x$　　　(e) $2\pi x - 5$

　(f) $30x^{29} - 7x^{27} - 3x^{26}$　　　(g) $4x^3 + 4x + 4$　　　(h) $4x + 1$

(i) $30x^2 + 12x - 5$ (j) $5x^4 - 4x^3 - 3x^2 + 12x - 7$ (k) $8x + 4$

(l) $6(2x + 1)^2$ (m) $\dfrac{-2}{(2x - 1)^2}$ (n) $\dfrac{6x^2 + 8x - 15}{(3x + 2)^2}$

(o) $\dfrac{3x^2 - 10x - 1}{(2x^2 + x - 1)^2}$ (p) $\dfrac{-4}{(2x + 3)^3}$

2. (a) 1   (b) -3 (c) 1   (d) $\dfrac{11}{9}$

3. (a) 2   (b) -11 (c) -6 (d) $\dfrac{-8}{49}$

4. (a) $2x - y = 0$ (b) $17x - y = -15$ (c) $3x - 4y + 4 = 0$

(d) $x - 6y = 1$

5. (a) $650 - 20a + 0.6a^2$ (b) 46,200   (c) 1,610

例題 3–10 練功時間

(a) $-10(-x + 3)^9$ (b) $6(9x^2 - 4x + 1)(3x^3 - 2x^2 + x - 1)^5$

(c) $\dfrac{1}{3}(6x^2 - 3)(2x^3 - 3x + 1)^{-\frac{2}{3}}$ (d) $\dfrac{10(3x - 5)^9(-3x^2 + 10x + 3)}{(x^2 + 1)^{11}}$

習題 3–4

1. (a) $50(5x - 3)^9$ (b) $15(4x - 5)(2x^2 - 5x + 3)^{14}$

(c) $100(12x^2 + 4x - 7)(4x^3 + 2x^2 - 7x + 8)^{99}$

(d) $3(x + 2)^2(2x - 5)^7 + 14(x + 2)^3(2x - 5)^6$

(e) $\dfrac{-10(2x - 7)}{(x^2 - 7x + 8)^{11}}$ (f) $\dfrac{10(x - 1)^4}{(x + 1)^6}$

(g) $4(2x - 3)(x^2 - 3x + 5)^3(x^3 - 2x^2 + 7x - 1)^3$
$+ 3(3x^2 - 4x + 7)(x^2 - 3x + 5)^4(x^3 - 2x^2 + 7x - 1)^2$

(h) $\dfrac{-5(2x^2 + 6x + 7)(2x + 3)^4}{(x^2 - 3x + 1)^6}$ (i) $\dfrac{2(x - 1)}{3\sqrt[3]{(x + 1)^2(x - 3)^2}}$

2. $\dfrac{2}{625}$

3. $y - 1 = 0$

4. (a) $100{,}000(1 + 0.5r)^{10}$　　(b) $500{,}000(1 + 0.5r)^{9}$

5. $-\dfrac{1}{40}$

第4章

例題 4-1 練功時間

(a) 5,450 元　　(b) 5,463.635 元　　(c) 5,470.8525 元　　(d) 5,470.87 元

例題 4-2 練功時間

1. (a) 1　　(b) 3　　(c) -3　　(d) 0

2. (a) 81　　(b) 1,000　　(c) 4　　(d) 1

例題 4-3 練功時間

(a) 12　　(b) 60　　(c) -3　　(d) 8

例題 4-4 練功時間

(a) 2 ln5　　(b) 0　　(c) $\dfrac{e^{2}}{2}$　　(d) 4

習題 4-1

1. (a) $\dfrac{50}{3}\ln 3$　　(b) $\dfrac{25}{2}\log_{10}5$　　(c) 10ln2　　(d) 20ln2

2. (a) 18　　(b) $\dfrac{4}{3}$　　(c) 2　　(d) 14

3. 522,339 元

4. 13,304 元

5. 0.023105

6. 23.105 年

例題 4–5 練功時間

(a) e^x　　(b) $\frac{1}{2}e^{\frac{1}{2}x}$　　(c) $(-3x^2)e^{-x^3}$　　(d) $\frac{-2e^{2x}}{(2+e^{2x})^2}$

例題 4–6 練功時間

(a) $\frac{5}{x}$　　(b) $\frac{5}{x}(\ln x)^4$

(c) $2xe^{x^2} + \frac{x+1-x\ln x}{x(x+1)^2}$

(d) $\frac{1}{2}(3x^2 + \frac{1}{x})(\frac{1}{\sqrt{x^3+\ln x}})$

習題 4–2

1. (a) $\frac{1}{2x}$　　(b) $2xe^{x^2}(1+x^2)$　　(c) $\frac{2}{x\ln 10}$　　(d) $2x\ln x(\ln x + 1)$

(e) $e^x(2+x)$　　(f) $\frac{-e^x}{3\sqrt[3]{(5-e^x)^2}}$　　(g) $\frac{8}{x}$

(h) $x^3e^x + 2x^2e^x - xe^x + e^x + 1$

2. (a) $k(2) = 94.82$，$k(5) = 137.69$

(b) $k'(2) = 27.59$，$k'(5) = 6.16$

例題 4–9 練功時間

(a) 遞增區間為 $x > 0$，遞減區間為 $x < 0$

　　 x 截距為 0，y 截距為 0

(b) 遞增區間為 $x > 0$，遞減區間為 $x < 0$

　　 x 截距為 1 或 −1，y 截距為 −1

(c) 遞增區間為 $x < \dfrac{3}{2}$，遞減區間為 $x > \dfrac{3}{2}$

　　x 截距為 1 或 2，y 截距為 -2

例題 4–13 練功時間

(a) $f(x)$ 在 $x = 3$ 有臨界值

　　$g(x)$ 在 $x = 1$ 或 $x = 3$ 有臨界值

(b) $f(x)$ 在 $x = 3$ 有相對極大值 14

　　$g(x)$ 在 $x = 1$ 有相對極大值 5，在 $x = 3$ 有相對極小值 1

(c) 略

習題 4–3

1. (a) 臨界值為 $x = -1$ 或 $x = 1$，臨界點為 $(-1, \dfrac{2}{3})$ 或 $(1, -\dfrac{2}{3})$

　　(b) 臨界值為 $x = -2$ 或 $x = 3$，臨界點為 $(-2, 27)$ 或 $(3, -\dfrac{71}{2})$

　　(c) 臨界值為 $t = -3$，臨界點為 $(-3, 16)$

　　(d) 臨界值為 $x = 2$，臨界點為 $(2, -3)$

2. (a) 當 $x > 1$，$f(x)$ 為遞增，當 $x < 1$，$f(x)$ 為遞減

　　(b) 當 $x < -2$，$g(x)$ 為遞增，當 $x > -2$，$g(x)$ 為遞減

　　(c) 當 $x < -1$ 或 $x > 1$，$g(x)$ 為遞增，當 $-1 < x < 1$，$g(x)$ 為遞減

　　(d) 當 $x < -2$ 或 $x > 0$，$g(x)$ 為遞增，當 $-2 < x < 0$，$g(x)$ 為遞減

3. (a) a, b, c, d, e　　(b) $b \to d$　　(c) $a \to b, d \to e$

　　(d) a, b, d, e　　(e) c　　(f) a, b, d, e

4. (a) (1) $x = 0, -1, 1$

　　　　(2) 遞增區間 $\Rightarrow x < -1$ 或 $x > 1$，遞減區間 $\Rightarrow -1 < x < 1$

　　　　(3) $x = -1$ 有相對極大值 -2，$x = 1$ 有相對極小值 2

　　　　(4) 與 x 軸沒有交點

(5) 與 y 軸沒有交點

(b)(1) $x = -2$

(2) 遞增區間 $\Rightarrow x > -2$，遞減區間 $\Rightarrow x < -2$

(3) $x = -2$ 有相對極小值 0

(4) $(-2, 0)$

(5) $(0, 4)$

(c)(1) $x = 2$

(2) $f(x)$ 在所有實數 x 遞減

(3) 無相對極值

(4) 與 x 軸沒有交點

(5) $(0, -\dfrac{5}{2})$

(d)(1) $x = -\dfrac{2}{3}, 0$

(2) 遞增區間 $\Rightarrow x < -\dfrac{2}{3}$ 或 $x > 0$，遞減區間 $\Rightarrow -\dfrac{2}{3} < x < 0$

(3) $x = -\dfrac{2}{3}$ 有相對極大值 $\dfrac{4}{27}$，$x = 0$ 有相對極小值 0

(4) $(0, 0), (-1, 0)$

(5) $(0, 0)$

(e)(1) $x = -1, -\dfrac{1}{3}$

(2) 遞增區間 $\Rightarrow x < -1$ 或 $x > -\dfrac{1}{3}$，遞減區間 $\Rightarrow -1 < x < -\dfrac{1}{3}$

(3) $x = -1$ 有相對極大值 2，$x = -\dfrac{1}{3}$ 有相對極小值 $\dfrac{50}{27}$

(4) $(-2, 0)$

(5) $(0, 2)$

5. (a) 銷售量小於 200 萬台時，邊際獲利率為正值

銷售量大於 200 萬台時，邊際獲利率為負值

(b) 銷售量大於 100 萬台時，開始獲利

銷售量在 0 到 100 萬台之間或銷售量大於 300 萬台時，開始虧損

例題 4–15 練功時間

(a) 沒有反曲點　　(b) $x = \dfrac{2}{3}$　　(c) $x = -\dfrac{1}{2}$　　(d) $t = 0$

例題 4–16 練功時間

(a) $x = -2$ 時 $f(x)$ 有相對極小值 -13

(b) $x = 1$ 時 $g(x)$ 有相對極小值 4

　　$x = -1$ 時 $g(x)$ 有相對極大值 8

(c) $x = -1$ 時 $h(x)$ 有相對極大值 5

(d) $x = 0$ 時 $m(x)$ 有相對極大值 16

　　$x = 2$ 時 $m(x)$ 有相對極小值 0，$x = -2$ 時 $m(x)$ 有相對極小值 0

習題 4–4

1. (a) 上凹區間：$[a, b], [c, d], [d, e]$，下凹區間：$[b, c]$

　　(b) 遞增區間：$[a, b], [c, d]$，遞減區間：$[b, c], [d, e]$

　　(c) 相對極大值：b, d，相對極小值：a, c

2. (a) (1) $(5, 18)$

　　　 (2) 遞增區間 $\Rightarrow x < 5$，遞減區間 $\Rightarrow x > 5$

　　　 (3) 對所有實數 x，$f(x)$ 皆為下凹

　　　 (4) 沒有反曲點

　　　 (5) $x = 5$ 時有相對極大值 18

　　(b) (1) 沒有臨界點

　　　 (2) $g(x)$ 在所有實數 x 遞增

　　　 (3) 上凹區間 $\Rightarrow x < -1$，下凹區間 $\Rightarrow x > -1$

　　　 (4) $x = -1$

(5) 沒有相對極值

(c) (1) $(-1, -2), (1, 2)$

(2) 遞增區間 $\Rightarrow x < -1$ 或 $x > 1$，遞減區間 $\Rightarrow -1 < x < 1$

(3) 上凹區間 $\Rightarrow x > 0$，下凹區間 $\Rightarrow x < 0$

(4) $x = 0$

(5) $x = -1$ 時有相對極大值 -2，$x = 1$ 時有相對極小值 2

(d) (1) $(-\dfrac{7}{2}, -\dfrac{81}{4})$

(2) 遞增區間 $\Rightarrow x > -\dfrac{7}{2}$，遞減區間 $\Rightarrow x < -\dfrac{7}{2}$

(3) 對所有實數 x，$m(x)$ 皆為上凹

(4) 沒有反曲點

(5) $x = -\dfrac{7}{2}$ 時有相對極小值 $-\dfrac{81}{4}$

(e) (1) $(\dfrac{2 + \sqrt{7}}{3}, \dfrac{20 - 14\sqrt{7}}{27}), (\dfrac{2 - \sqrt{7}}{3}, \dfrac{20 + 14\sqrt{7}}{27})$

(2) 遞增區間 $\Rightarrow x < \dfrac{2 - \sqrt{7}}{3}$ 或 $x > \dfrac{2 + \sqrt{7}}{3}$

遞減區間 $\Rightarrow \dfrac{2 - \sqrt{7}}{3} < x < \dfrac{2 + \sqrt{7}}{3}$

(3) 上凹區間 $\Rightarrow x > \dfrac{2}{3}$，下凹區間 $\Rightarrow x < \dfrac{2}{3}$

(4) $(\dfrac{2}{3}, \dfrac{20}{27})$

(5) $x = \dfrac{2 + \sqrt{7}}{3}$ 時有相對極小值 $\dfrac{20 - 14\sqrt{7}}{27}$

$x = \dfrac{2 - \sqrt{7}}{3}$ 時有相對極大值 $\dfrac{20 + 14\sqrt{7}}{27}$

(f) (1) $(-1, 5), (1, -3)$

(2) 遞增區間 $\Rightarrow x < -1$ 或 $x > 1$

遞減區間 $\Rightarrow -1 < x < 1$

(3) 上凹區間 $\Rightarrow x > 0$，下凹區間 $\Rightarrow x < 0$

$(4)\,(0,1)$

$(5)\,x=-1$ 時有相對極大值 5，$x=1$ 時有相對極小值 -3

$(g)\,(1)\,(1,-3)$

(2) 遞增區間 $\Rightarrow x>1$，遞減區間 $\Rightarrow x<1$

(3) 對所有實數 x，$F(x)$ 皆為上凹

(4) 沒有反曲點

$(5)\,x=1$ 時有相對極小值 -3

3. $(a)\,f'(x)=x^3-x^2+x+1$

$\qquad f''(x)=3x^2-2x+1$

$(b)\,f'(x)=\dfrac{4x}{\left(x^2+1\right)^2}$

$\qquad f''(x)=\dfrac{-4(3x^2-1)}{\left(x^2+1\right)^3}$

$(c)\,f'(x)=\dfrac{1}{x+1}$

$\qquad f''(x)=\dfrac{-1}{(x+1)^2}$

$(d)\,f'(x)=2(x-1)e^{x^2-2x+1}$

$\qquad f''(x)=2e^{x^2-2x+1}[1+2(x-1)^2]$

$(e)\,f'(x)=-24x^3-24x^5$

$\qquad f''(x)=-72x^2-120x^4$

$(f)\,f'(x)=10x^4-32x^3+3x^2-6x+5$

$\qquad f''(x)=40x^3-96x^2+6x-6$

4. $(a)\,100{,}000x-200x^2$

(b) 售價每公斤 50 元時，有最大營收 $12{,}500{,}000$ 元

消費者需求為 250 公噸

234 商用微積分

例題 4–18 練功時間

(a) $\dfrac{2p}{100-2p}$　　(b) $\dfrac{1}{4}$　　(c) 25

例題 4–19 練功時間

(a) 固定成本為 100,000 元，變動成本為 $150x - x^2 + 0.02x^3$

(b) 125,000 元　　(c) 17 箱

習題 4–5

1. (a) $100x$　　(b) $200x - 20x\ln x$

　(c) 收益為 $20,000 - 2,000\ln 100$ 元，成本為 10,000 元

　(d) 55 袋，約 1,092 元

2. (a) 100　　(b) $180 - 20\ln x$　　(c) $80 - 20\ln x$

3. (a) $\dfrac{0.1pe^{0.1p}}{1,000 - e^{0.1p}}$

　(b) 售價為 10 元時，需求彈性為 0.0027

　　售價為 20 元時，需求彈性為 0.0149

第 5 章

例題 5–2 練功時間

(a) $10x + c$　　(b) $\dfrac{t^{11}}{11} + c$　　(c) $\dfrac{2}{5}t^{\frac{5}{2}} + c$　　(d) $\dfrac{4}{15}a^3 + c$

(e) $\dfrac{1}{3}u^3 + \dfrac{2}{3}u^{\frac{3}{2}} - \dfrac{3}{2}u^2 - u + c$　　(f) $\dfrac{32}{9}w^{\frac{9}{4}} + c$

例題 5–3 練功時間

(a) $-\dfrac{1}{5}e^{-5x} + c$　　(b) $e^{3x} + \dfrac{5}{x} + 2\ln|x| + c$

習題 5-1

1. (a) $100x + c$　　(b) $ex + c$　　(c) $\dfrac{1}{5}x^5 + c$　　(d) $\dfrac{1}{101}x^{101} + c$

　(e) $u^4 - u^2 + 5u + c$　　(f) $2x - \dfrac{5}{2}x^2 + x^4 + c$　　(g) $e^x + x^2 + c$

　(h) $e^{2t} - \dfrac{5}{2t^2} - 3\ln|t| + c$　　(i) $x^3 + 2x + c$　　(j) $5r^3 + c$

2. (a)

3. (a) $x^2 + 3$　　(b) $2x^2 + x + 1$

　(c) $e^x - \dfrac{1}{x^5} + e^2 - e^3 + \dfrac{1945}{243}$　　(d) $\dfrac{1}{x} + \dfrac{3x^2 + x}{x} + 8$

例題 5-4 練功時間

(a) $4xe^{2x^2-1}$　　(b) $3e^{3x}$　　(c) $\dfrac{-2x}{\left(x^2 + 1\right)^2}$

例題 5-5 練功時間

(a) $3dx$　　(b) $56x^6 dx$　　(c) $\dfrac{1}{x}dx$

例題 5-6 練功時間

(a) $\dfrac{1}{21}(x - 4)^{21} + c$　　(b) $e^{x-8} + c$　　(c) $\ln|x + 5| + c$

例題 5-7 練功時間

(a) $-\dfrac{1}{3}e^{-3x} + c$　　(b) $\dfrac{1}{2}\ln|x^2 - 9| + c$

(c) $\dfrac{1}{2}\ln|x^2 + 2x - 1| + c$

(d) $\dfrac{1}{22}(x^2 - 3)^{11} + c$　　(e) $e^{x^3 + x^2 - x + 4} + c$

習題 5-2

1. (a) $\dfrac{1}{21}(x+1)^{21}+c$ (b) $-\dfrac{1}{9(x-3)^9}+c$

(c) $\dfrac{1}{2}e^{2x+1}+c$ (d) $-\dfrac{1}{2}\ln|30-2x|+c$

(e) $\dfrac{1}{-2(t^2-4)^2}+c$ (f) $\dfrac{1}{2}\ln|3-2x+x^2|+c$

(g) $\dfrac{1}{2}(e^x+4x)^2+c$ (h) $\dfrac{1}{2}(x^3+2x^2-3)^2+c$

(i) $\dfrac{1}{2}(3-e^{-x})^2+c$ (j) $e^{x^3-4x^2+4x-5}+c$

2. $5,000x+10,000\ln(x+5)+10,000,000$

3. (a) $\dfrac{1}{3}(2x+3)^{\frac{3}{2}}+c$ (b) $\dfrac{2}{3}(x^2+2x-1)^{\frac{3}{2}}+c$

(c) $\dfrac{1}{11}(\ln x)^{11}+c$

分部積分程序練功時間

(a) $2(xe^x-e^x)+c$ (b) $\dfrac{1}{3}xe^{3x}-\dfrac{1}{3}e^{3x}+c$

例題 5-8 練功時間

(a) $\dfrac{2}{9}x(3x-1)^{\frac{3}{2}}-\dfrac{2}{15}(3x-1)^{\frac{5}{2}}+c$ (b) $\dfrac{x}{11}(x-5)^{11}-\dfrac{1}{132}(x-5)^{12}+c$

例題 5-9 練功時間

$x^3e^x-3x^2e^x+6xe^x-6e^x+c$

習題 5-3

1. (a) $xe^{2x}-\dfrac{1}{2}e^{2x}+c$ (b) $1,000te^{0.001t}-1,000,000e^{0.001t}+c$

(c) $\dfrac{2}{3}(x^2-1)^{\frac{3}{2}}+c$　　　(d) $-\dfrac{2}{3}x(3-x)^{\frac{3}{2}}-\dfrac{4}{15}(3-x)^{\frac{5}{2}}+c$

(e) $\dfrac{x^3}{3}\ln x-\dfrac{x^3}{9}+c$　　　(f) $4x\sqrt{x-3}-\dfrac{8}{3}\sqrt{(x-3)^3}+c$

(g) $(3x+2)e^x+c$　　　(h) $e^{2x}(\dfrac{x^2}{2}-\dfrac{x}{4}+\dfrac{1}{8})+c$

(i) $-\dfrac{\ln x}{x}-\dfrac{1}{x}+c$　　　(j) $\dfrac{x^4}{4}\ln x-\dfrac{1}{16}x^4+c$

2. $\dfrac{25}{9}-\dfrac{100}{9}e^{-3}$

3. (a) $x(\ln x)^2-2x\ln x+2x+c$

(b) $\dfrac{2}{x}+c$

例題 5–10 練功時間
(a) 70　　(b) 14

例題 5–11 練功時間
(a) 60　　(b) $\dfrac{63}{2}$

例題 5–12 練功時間
(a) 213　　(b) $\dfrac{125}{6}$

例題 5–13 練功時間
36

習題 5–4

1. (a) e^5-1　　(b) $\dfrac{1}{2}(e^2-\dfrac{1}{e^2})$　　(c) $\dfrac{25}{2}$　　(d) 22　　(e) e^2

(f) $\frac{1}{2}(e^2 + 1)$ (g) $-\frac{1}{12}$ (h) $\frac{1}{2}(e^2 + 1)$ (i) $\frac{1}{3}\ln\frac{19}{13}$

(j) $\frac{1}{3}(e^3 - 1)$

2. $\int_a^b [f(x) - m(x)]dx + \int_b^c [f(x) - g(x)]dx$

3. (a) $25\ln11$ (b) $5\ln\frac{21}{11}$

例題 5–14 練功時間

(a) 略   (b) 30%   (c) 20%   (d) 0

例題 5–16 練功時間

(a) 935,351 元   (b) 954,310 元

習題 5–5

1. (a) 12.15%   (b) 36.79%

2. (a) 50%   (b) 67%

3. (a) 33,323 元   (b) 44,210 元   (c) 23,428 元

第 6 章

例題 6–1 練功時間

1. (a) -59 (b) -70 (c) 17

2. (a) $-e$ (b) $\ln2 + e^2\ln3 - 2e^3$

例題 6–2 練功時間

(a) 81,000   (b) $(8)^{\frac{3}{5}}$ 倍

習題 6-1

1. (a)(1) 7　　(2) 0　　(3) 55　　(4) 31

　(b)(1) 11　　(2) 11　　(3) 17　　(4) 12

　(c)(1) 6　　(2) -1　　(3) -60

　(d)(1) $\dfrac{1}{2}$　　(2) 2　　(3) 20

　(e)(1) $\sqrt{2}$　　(2) $\sqrt{2}$　　(3) 5　　(4) 13

2. (a)(1) 5　　(2) -2

　(b)(1) $6x+3h$　　(2) $-4y-2h$

　(c)(1) $3y$　　(2) $3x$

　(d)(1) $\dfrac{2}{y}$　　(2) $\dfrac{-2x}{y(y+h)}$

3. (a) 31,525 元　　(b) 55,256 元　　(c) 第 9 年底

例題 6-3 練功時間

(a) $f_x=0$，$f_y=-100$　　(b) $f_x=8$，$f_y=0$　　(c) $f_x=\dfrac{2}{y}$，$f_y=\dfrac{-2x}{y^2}$

例題 6-4 練功時間

(a) -5　　(b) -15　　(c) -7　　(d) -5

例題 6-5 練功時間

(a) $f_x=6x(x^2+y^2)^2$，$f_y=6y(x^2+y^2)^2$

(b) $g_x=2xye^{x^2y}-\dfrac{1}{x}-3e^x$，$g_y=x^2e^{x^2y}+\dfrac{1}{y}+2e^y$

例題 6-6 練功時間

(a) 6　　(b) $6x+6y-8$　　(c) -20　　(d) $6x$

習題 6-2

1. (a) $16x^7y^5$　　(b) $10x^8y^4$　　(c) 0　　(d) $80x^7y^4$

  (e) 0　　(f) $40x^8y^3$

2. (a) $\dfrac{2}{3}$　(b) $\dfrac{-3}{2x-3y}$　(c) $\dfrac{-4}{(2x-3y)^2}$　(d) $\dfrac{6}{(2x-3y)^2}$

3. (a) $f_x = \dfrac{3x}{\sqrt{3x^2+2y}},\ \ f_y = \dfrac{1}{\sqrt{3x^2+2y}}$

  (b) $f_x = xy^3e^{x+y}(2+x),\ \ f_y = x^2y^2e^{x+y}(3+y)$

  (c) $f_x = \dfrac{4xy^2}{(x^2+2y^2)^2},\ \ f_y = \dfrac{-4x^2y}{(x^2+2y^2)^2}$

  (d) $f_x = \dfrac{4x}{2x^2+3y^2},\ \ f_y = \dfrac{6y}{2x^2+3y^2}$

4. (a) 50.34　　(b) 64.73

鸚鵡螺數學叢書介紹

微積分的歷史步道　蔡聰明／著

微積分如何誕生？微積分是什麼？微積分研究兩類問題：求切線與求面積，而這兩弧分別發展出微分學與積分學。

微積分最迷人的特色是涉及無窮步驟，落實於無窮小的演算與極限操作，所以極具深度、難度與美。

數學的發現趣談　蔡聰明／著

一個定理的誕生，基本上跟一粒種子在適當的土壤、陽光、氣候……之下，發芽長成一棵樹，再開花結果的情形沒有兩樣——而本書嘗試盡可能呈現這整個的生長過程。讀完後，請不要忘記欣賞和品味花果的美麗！

摺摺稱奇：初登大雅之堂的摺紙數學　洪萬生／主編

共有四篇：

第一篇　用具體的摺紙實作說明摺紙也是數學知識活動。
第二篇　將摺紙活動聚焦在尺規作圖及國中基測考題。
第三篇　介紹多邊形尺規作圖及其命題與推理的相關性。
第四篇　對比摺紙直觀的精確嚴密數學之必要。

蘇菲的日記　Dora Musielak 著　洪萬生 審訂

《蘇菲的日記》是一部由法國數學家蘇菲‧熱爾曼所啟發的小說作品。內容是以日記的形式，描述在法國大革命期間，一個女孩自修數學的成長故事。從故事中不僅能看到一個不平凡女孩的學習之旅，還能看到 1789-1794 年間，當時巴黎混亂社會的真實記述，而她後來也成為數學史上第一位且唯一一位對費馬最後定理之證明有實質貢獻的女性。